日本农山渔村文化协会宝典系列

U0280360

西瓜栽培
管理手册

[日] 中山 淳　町田刚史　著

赵长民　译

（山东省昌乐县农业农村局）

机械工业出版社

CHINA MACHINE PRESS

西瓜因其甜度高、口感独特而受到人们的广泛喜爱，但在生产过程中，由于气候、土壤、水分、病虫害等管理水平的不同而导致果实品质之间存在较大差异。本书以培育优质西瓜为出发点，从西瓜生理生态特点的角度，根据日本销售模式和消费趋势的不同，介绍了与其相适应的栽培技术，如定植、浇水、施肥、采收、包装等环节的关键技术点，内容系统、翔实，图文配合，通俗易懂，对于我国广大西瓜种植专业户、基层农业技术推广人员都有非常好的参考价值，也可供农林院校师生阅读参考。

SUIKA NO SAGYOU BENRICHO by NAKAYAMA ATSUSHI; MACHIDA TAKESHI

Copyright © 2012 NAKAYAMA ATSUSHI; MACHIDA TAKESHI

Simplified Chinese translation copyright ©2024 by China Machine Press

All rights reserved

Original Japanese language edition published by NOSAN GYOSON BUNKA KYOKAI(Rural Culture Association Japan)

Simplified Chinese translation rights arranged with NOSAN GYOSON BUNKA KYOKAI(Rural Culture Association Japan) through Shanghai To-Asia Culture Co., Ltd.

北京市版权局著作权合同登记　图字：01-2021-5298 号。

图书在版编目（CIP）数据

西瓜栽培管理手册/（日）中山淳，（日）町田刚史著；赵长民译. — 北京：机械工业出版社，2024.9

（日本农山渔村文化协会宝典系列）

ISBN 978-7-111-74769-7

Ⅰ.①西…　Ⅱ.①中…　②町…　③赵…　Ⅲ.①西瓜 – 瓜果园艺 – 手册　Ⅳ.①S651-62

中国国家版本馆CIP数据核字（2024）第029917号

机械工业出版社（北京市百万庄大街22号　邮政编码100037）
策划编辑：高　伟　周晓伟　责任编辑：高　伟　周晓伟　刘　源
责任校对：曹若菲　丁梦卓　责任印制：单爱军
保定市中画美凯印刷有限公司印刷
2024年10月第1版第1次印刷
169mm×230mm·8.75印张·157千字
标准书号：ISBN 978-7-111-74769-7
定价：49.80元

电话服务　　　　　　　　网络服务
客服电话：010-88361066　机 工 官 网：www.cmpbook.com
　　　　　010-88379833　机 工 官 博：weibo.com/cmp1952
　　　　　010-68326294　金 书 网：www.golden-book.com
封底无防伪标均为盗版　机工教育服务网：www.cmpedu.com

序

　　果蔬业属于劳动密集型产业，在我国是仅次于粮食产业的第二大农业支柱产业，已形成了很多具有地方特色的果蔬优势产区。果蔬业的发展对实现农民增收、农业增效，促进农村经济与社会的可持续发展裨益良多，呈现出产业化经营水平日趋提高的态势。随着国民生活水平的不断提高，对果蔬产品的需求量日益增长，对其质量和安全性的要求也越来越高，这对果蔬的生产、加工及管理也提出了更高的要求。

　　我国农业发展处于转型时期，面临着产业结构调整与升级、农民增收、生态环境治理，以及产品质量、安全性和市场竞争力亟须提高的严峻挑战，要实现果蔬生产的绿色、优质、高效，减少农药、化肥用量，保障产品食用安全和生产环境的健康，离不开科技的支撑。日本从20世纪60年代开始逐步推进果蔬产品的标准化生产，其设施园艺和地膜覆盖栽培技术、工厂化育苗和机器人嫁接技术、机械化生产等都一度处于世界先进或者领先水平，注重研究开发各种先进实用的技术和设备，力求使果蔬生产过程精准化、省工省力、易操作。这些丰富的经验，都值得我们学习和借鉴。

　　日本农业书籍出版协会中最大的出版社——农山渔村文化协会（简称农文协）自1940年建社开始，其出版活动一直是以农业为中心，以围绕农民的生产、生活、文化和教育活动为出版宗旨，以服务农民的农业生产活动和经营活动为目标，向农民提供技术信息。经过80多年的发展，农文协已出版4000多种图书，其中的果蔬栽培手册（原名：作业便利帐）系列自出版就深受农民的喜爱，并随产业的发展和农民的需求进行不断修订。

　　根据目前我国果蔬产业的生产现状和种植结构需求，机械工业出版社与农文协展开合作，组织多家农业科研院所中理论和实践经验丰富，并且精通日语的教师及科研人员，翻译了本套"日本农山渔村文化协会宝典系列"，包含葡萄、猕猴桃、苹果、梨、西瓜、草莓、番茄等品种，以优质、高效种植为基本点，介绍了果蔬栽培管理技术、果树繁育及整形修剪技术等，内容全面，实用性、可操作性、指导性强，以供广大果蔬生产者和基层农技推广人员参考。

需要注意的是，我国与日本在自然环境和社会经济发展方面存在的差异，造就了园艺作物生产条件及市场条件的不同，不可盲目跟风，应因地制宜进行学习参考及应用。

希望本套丛书能为提高果蔬的整体质量和效益，增强果蔬产品的竞争力，促进农村经济繁荣发展和农民收入持续增加提供新助力，同时也恳请读者对书中的不当和错误之处提出宝贵意见，以便修正。

赵亚夫

前　言

西瓜正像是它被称为的"运气果"那样，受坐果和果实膨大关键时期天气条件的影响，有栽培成功与不成功的情况。总的来说，收成不好时会倾向于从天气条件方面寻找原因。当然，不能完全避免天气的影响，但正是由于一点一点地积累西瓜栽培的基本技术来减轻所受的影响，才能在别的生产者对如何应对感到困难时自己可以提前一步或两步找到对策。基本技术就是为了稳定生产而形成的管理方法。

关于基本技术，本书尽量从西瓜生理生态特点的角度进行解说，讲解因为这种理由在这个时期进行这样的管理是正确的，力求做到使读者更容易明白。例如，果实在坐果、膨大、成熟的过程中，都需要适宜的温度管理，这样做的理由是什么，从这个角度进行讲解。只要掌握了进行各个管理作业的理由，就会改正容易犯的错误，能准确无误地在各个地区进行灵活运用。

本书从西瓜的生理生态特点的角度来讲解西瓜栽培要点，不仅希望对想稳定生产和提高栽培技术的生产者，也希望对进行现场指导的技术人员、学习农业生产技术的学生有一定的帮助。

本书是与日本著名育种专家中山淳先生一起整理的。他长年在生产一线进行指导，使很多生产者的栽培技术有了大幅度的提高。把这些经验和知识以科学的方式记录下来，对更多的人起到指导作用，就是基于这个想法策划了这本书。中山淳先生主要负责栽培计划、育苗、定植等技术内容的编写，这也是本书的主要部分。另外，对成为西瓜消费趋势的小型西瓜和无籽西瓜，他也从育种家的角度给大家进行了详细讲解。

上述以外的部分，主要是由我执笔，现在以切开销售为主流的大型西瓜的栽培不同于以往过度追求整齐度的品种栽培，因此也考虑到这些不同因素对基本技术进行了整理。还有就是围绕如何应对田间最头疼的急性凋萎症花了很多篇幅进行阐述。另外，对新的西瓜种植模式和食用方法也进行了讲解，以期对产量减少的西瓜生产能起到促进作用。希望本书能对西瓜生产者的技术提高和稳定经营起到有益的作用。

町田刚史

目　录

第 **3** 章

育苗管理

第 **4** 章

定植和定植前的准备

第 8 章

西瓜病虫害的防治

附　录

日本育种厂家培育的西瓜品种一览表（部分）

第1章
西瓜栽培的新动向

1 从整个卖到切开销售、装盒销售

◎ 以前的吃法和现在的吃法

到了热天，一家人围成圈坐着，嘴里吃着用井水冰镇的西瓜。孩子们的笑脸，大西瓜切开时的香味，还有蝉的声音，这就是以前日本夏季的风景线。当然，前提是买回来的是一整个西瓜。在这样的吃法里，对西瓜品质的估量（如完熟与大半熟），也可以说是带来快乐的要素。

但遗憾的是，现在这样的情景已经很少了，只有在农村的一部分地区还存在。

相反，现在常见的是把西瓜放在盘中用勺子挖着吃，或者切成一口大小的西瓜小块，用果叉或牙签叉着吃。实际上，去百货商店或超市，摆着卖的是颜色新鲜、买过来就能吃的切开的西瓜，或者是装在盒里切好的西瓜（图1-1）。商店里的食品什么时间都有，并且满满地摆放在货架

图1-1 切开销售和切块装盒销售的西瓜

上，想吃时只买能吃的量即可，这种消费方式，现在在西瓜上也不例外地实现了。

以一整个西瓜为前提的"以前的吃法"和现在想吃时就买能吃的量的"现在吃法"，虽然都是吃，但是有"张开嘴大口啃"和"品尝享受一下"的不同。吃法不同，卖法也不同。西瓜销售的主要方式好像已经由以前的整个卖变为现在的切开销售、装盒销售了。

◎ 小家庭增加对销售方式的影响

从1个瓜整个卖到切开销售、装盒销售的变化用另外的数据也能说明。

据2010年的日本国势调查，整个家庭中有1~2人的在日本全国占58%，在东京占

70%。在同样的调查中，1985—2020 年只是由夫妇和孩子构成的"核心家庭"由 2280 万户增长到了 2920 万户，增长了 28%；而包含 3 代的"只是亲族家庭、核心家庭以外的家庭"由 720 万户降到了 531 万户，减少了 26%。核心家庭或只有 1 个人的家庭占全体的 88%，人口也占 80%。1 个 6 千克以上的西瓜对人数少的家庭来说就太大了。

人数少的家庭希望买到的西瓜能吃完是首要条件，切开销售的西瓜买回来就能吃完成为需求，就是理所当然的。

◎ 西瓜促销多集中在收垃圾日的前一天

向切开销售、装盒销售的变化也不仅是因为家庭构成的变化，也有人们生活方式改变的原因。

例如，有能卖西瓜的日期是在"收可燃垃圾日"的前一天的说法[⊖]。尽管有切开销售的 1/6 个西瓜，但是放在冰箱中还是会觉得很大，黏糊糊的果汁滴到地上还需要打扫。另外，吃完了以后剩下的皮就成了垃圾。天热时西瓜皮腐烂或是苍蝇聚集更难以处理。即使是用作家庭堆肥，也因为西瓜皮含水量多而觉得很麻烦，便会尽可能地当天买回来马上吃完，第 2 天早上在收垃圾时拿出去。因此，西瓜能卖的日期自然就随之产生了（图 1-2）。

图 1-2　西瓜吃法的改变

对于商圈不怎么大的较小规模的超市或小商店等，在本地区的"收可燃垃圾日"的前一天就成了卖西瓜的日期。

再进一步说，如果没有西瓜皮就没有垃圾。如果不产生麻烦的垃圾，什么时候都可以轻松地买回来，随时享用。从切开销售又进一步地向装盒销售转变的趋势更加强烈了。

⊖　在日本，垃圾不是每天都能扔掉的。日本的垃圾分类非常细致，而且不同种类的垃圾回收有不同的时间和地点。——译者注

将西瓜加工成块状或球状、装入盒中销售，这样在想吃时就买一次能吃完的量，也不会产生很麻烦的垃圾，吃着非常方便。当然，从价格来说是比较高的，这个问题消费者也知道。尽管这样，比起买1个大西瓜来，还是买1盒能吃完的量较好。

家庭大小、家庭构成、居住位置、生活环境等方面影响购买的因素虽然多种多样，但是选择切好的盒装西瓜的消费者越来越多是不容置疑的。

◎ 大型西瓜切开销售、小型西瓜整个销售

把西瓜切成扇形，若切成1/4的一整块，重量稍微有点大；如果切成1/8的一整块，又不易立着放，结果是切成1/6的一整块最方便。但是，L规格以下的西瓜切成1/6的一整块，摆上去不美观。因此，切开销售的西瓜以约8千克的2L规格最为合适。总之，按消费者对西瓜的主流需求，平均1次买1.3千克左右（8千克的1/6左右），正好是1个甘蓝那样大。

但是，切开销售时虽说西瓜外面包着保鲜膜，但是有很多消费者对于在小商店的加工间里切的西瓜的保质期和卫生还是有点担心，这一类消费者就会买整个的小型西瓜放在冰箱中，想吃时可随时拿出来。再进一步地比较一下，小型西瓜的肉质柔软，和大型西瓜的差别一目了然。近年来，小型西瓜的育种进展很快，和大型西瓜肉质的差别逐渐缩小了。事实上，小型西瓜的需求坚挺，今后也会继续增加。

大型西瓜切开销售、小型西瓜整个销售，这是今后西瓜栽培时需要考虑的问题。

那么，切开销售、装盒销售对西瓜品质有什么要求呢？

2 切开销售、装盒销售对西瓜品质的要求

◎ 品质判断严密、直观

消费者买一整个西瓜时的判断依据是什么呢？大小和美观是最基本的条件，当然，也许消费者中有选瓜的内行；可以观察果脐（花痕部）的凹陷程度、果皮上的花纹和花纹部分的凹凸程度，好像也有些可信度；还可以把西瓜倾斜一下，拍拍西瓜侧面听一下响声，但还是有点半信半疑。在商店里试吃虽然能作为很好的参考，但是因为最终买的

是另一个西瓜，所以确定某个西瓜好吃仍然是很难的。

而切开销售和装盒销售的西瓜，能直接看到西瓜的果肉和种子的颜色，或者参考所标的糖度，有时还可以品尝一下同一个西瓜的一部分再进行购买（图 1-3）。

对于在陈列柜里摆放的切开销售的西瓜，刚切开的切口像山峰尖一样的好西瓜和一触就碎的黏黏糊糊的西瓜，大家会去选择哪一种

图 1-3　西瓜品质的判断方法

呢？若一整个西瓜卖，对质量就摸不清楚。而切开销售和装盒销售的要求非常严格，因为消费者看到好的西瓜就买，不好就不会买，所以对于西瓜的品质来说不允许有丝毫的差错。

◎ 在商店销售标示糖度是最基本的条件

整个西瓜卖时有局限性，因为消费者想买但又不能测定其糖度。但是，切开销售和装盒销售的西瓜，可测定这个瓜的糖度，并在上面标明。

有优势的西瓜产地，在上市前检测员切开样品，精确地测定糖度是理所当然的。但是，从哪箱里抽取样品进行测定是很重要的。生产者一般很容易从有把握的箱中抽取样品来测定，因为地块中光照好的地方的西瓜糖度就高，这是生产者都很明白的。

但是，切开销售和装盒销售时，要先通过检查，认为不甜的果实混进去也没有问题的想法是完全行不通的。要求每箱、每个果实都要达到标准。实际上在商店里测定糖度时，也出现过达不到标示糖度这样的申诉。这样的申诉，不仅影响到销售者本人，也会让人丧失对这个西瓜产地的信任。

◎ 空洞果和积压果上不了柜台

切开销售时最成为问题的就是空洞果。整个卖时，形状不好、敲打时发出"噗噗"

这样明显的空洞果的声音也不像话。但是切开卖时，即使是很轻微的空洞果，果肉破碎也不能销售。

"A 等含有空洞果"，这是以切开销售为主的商店判断"不能与这个产地做交易"的充分证据。就连轻度的空洞果也不能出现，即使是地块中有空洞果，也不能混入 A 等或 B 等中。

还有被称为串瓤瓜的、种子周围的果肉呈水浸状或粗粒状的西瓜，切开销售和装盒销售时也成为很大的问题。就连小商店也会因为不想留下"商店的水果不新鲜"这样不好的印象而不卖这样的西瓜，消费者也干脆不买这样的西瓜。留下新鲜这个印象后消费者才会去买西瓜，商店如果掌握不好就会干脆不卖西瓜，改卖桃或甜瓜等果品。

◎ 在店内设好的灯光下使果肉颜色显得十分重要

在商店看到摆着的切开的西瓜果肉，有新鲜的红色的，也有带点黑红的，还有稍微发白的红色的，这几种当中你会选哪一种呢？

日本的超市等的展示柜里，都设置着能清楚显示商品颜色的肉食展示用的荧光灯，它能使绿色清楚地发色，但在太阳光下的红色，在这种灯下似乎稍带点黑色。在草莓和切开销售的西瓜销售区，用使红色明显的照明虽然很好，但是也许不那么简单易行。

但是作为生产方，果肉的颜色受品种的影响更大，所以以果肉颜色为漂亮的红色或鲜红色的品种是很重要的。这样提醒是因为这在切开销售和装盒销售中是很必要的，或者说在这种情况下不仅要用太阳光下看到的色调评价，也必须用在荧光灯下的色调评价来判断西瓜品质。

3 根据新的需要进行栽培

◎ 想在秋冬季节吃到西瓜

认为在天凉时、天冷时吃西瓜会不合时令的读者有很多吧。但是，就在数十年前，番茄、黄瓜、茄子、辣椒也没有办法在冬季登上餐桌。季节感和时令的概念虽然重要，但是为了丰富饮食生活也要考虑拓宽消费者的选择。还有，现在住宅的密闭性也在提高，有空调、暖气等，即使在冬季家中也很舒适，于是兴起了切开销售和装盒销售的西瓜。在空气干燥的秋冬季节，在暖和的屋里品尝着西瓜会有意想不到的甜味（图 1-4）。

图 1-4　秋季的西瓜意想不到的好吃

尽管如此，加温栽培的西瓜价格很高，扣除加温的燃料费才能合算的时期已经过去了。把通过无加温抑制栽培的、果肉硬的西瓜贮藏起来，到冬季时也能继续供应西瓜的趋势也开始出现。

◎ 对无籽西瓜的需求

所谓的无籽西瓜，就是指没有种子的 3 倍体西瓜（图 1-5）。因为把未熟的秕子错当成种子，看到里面含有极少量的着色的秕子，就说是"无籽"，但也有收到申诉的情况。因为无籽西瓜的出现源自划时代的技术（木原均博士发明并培育），但是在日本的栽培很有限。

普及没有进展的原因有发芽不稳定，由于子叶的形状嫁接作业困难，低温时伸

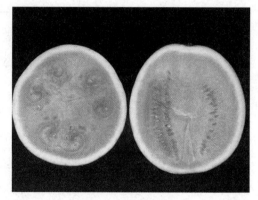

图 1-5　没有种子的 3 倍体西瓜

展性不好，必须使用 2 倍体的雄花进行麻烦又费时的人工授粉，到成熟需要的天数长，果皮厚、果形不整齐等一系列的问题，以及和 2 倍体西瓜的品质有差异等，育种、采种阶段的问题也很大。

但是，无籽西瓜对于装盒销售就有很大的优点。不能在嘴中分开种子的儿童也能直接吃；与其他的果实和点心配合，用作色彩多样的饭后甜食也容易准备；在盛装打扮的酒席上，很厌烦从口中吐出种子的绅士淑女也容易接受。着眼于这些优点，选择 3 倍体西瓜在商店里出售的商家也出现了。伊藤洋华堂和泷井种苗一起经营的 3 倍体无籽西瓜

的"易吃西瓜"品牌，已获得了好评。

◎ 用完熟上市吸引回头客

作为新需求，要关注的是西瓜在直销店的贩卖。

直销中重要的是多次来购买的老顾客，即抓住回头客。如果都知道了哪个人、哪个合作社培育的西瓜好吃，买方会很放心，价钱稍贵一点反而会有满足感。对于生产者来说，也容易确定销售数量，而且直接听到消费者的声音很有成就感。

沙瓤感强的西瓜口感好，培育的特异的长椭圆形的品种有稀缺感。要想抓住回头客，就要和在超市等处卖的西瓜有不同的特征。味道、色泽、形状、包装、价格等有明显的不同，独具特色是不可缺少的，只凭印象是难以维持长久销售的。

在适合切开销售和装盒销售的品种快速发展的市场情况下，要比完熟的状态再提前2～3天收获。因为随着成熟果肉会逐渐变软，以果肉不变坏为前提的切开销售方式适用于稍硬一点的果肉。而像直销这样基本是1个西瓜整个卖的情况就不同了，对于喜欢西瓜的消费者来说，必须使西瓜达到完熟至最好吃的味道。

如果请大家画一个西瓜，日本人首先都会画有花纹、红肉的西瓜。但是，西瓜的品种中有大型、中型、小型的，还有球形和稻草包形的；按果皮颜色分，有黑色、黄色、绿色等条纹花样的；按果肉颜色分，有红色、黄色和其他颜色的；还有无籽的3倍体西瓜。所以只是外观就有相当多的种类。只炫耀稀奇品种虽然较难，但是如果这个形状、这种颜色的西瓜美味可口，把这些体验加进去，就能抓住很多的回头客。

即使仅从果肉品质方面选择，范围也很广。把年龄大的人作为销售对象，即使是直销中型、小型西瓜当中美味爽口的品种，也有限定一定数量供应老顾客的事例（图1-6）。

图1-6　数量限定直销的西瓜

（町田刚史）

第 2 章

西瓜的生长发育
和栽培要点

1 西瓜作物的特点

◎ 原产地是光照好的沙漠地带

西瓜的原产地是非洲南部的卡拉哈里沙漠。那里位于南回归线附近，中午前后太阳光从正上方直射下来，降水量极少且仅限于夏季的一段时间。西瓜就是在这种环境下生长的。西瓜有被称为"日照草"的说法，就是因为它喜欢强光照，有较耐干旱的特性。实际上，西瓜的光饱和点[⊖]可高达80000勒克斯，比一般蔬菜类的40000~50000勒克斯高得多（表2-1）。

表2-1　各种蔬菜的光合作用特性值（巽、堀）

蔬菜的种类	最大光合速率 / [毫克 /（分米² · 小时）]	光饱和点 / 勒克斯	光补偿点 / 勒克斯
番茄	31.7（16~17）	70000	—
茄子	17.0	40000	2000
辣椒	15.8	30000	1500
黄瓜	24.0	55000	—
南瓜	17.0	45000	1500
西瓜	21.0	80000	4000
甘蓝	11.3	40000	2000
白菜	11.0	40000	1500~2000
芋头	16.0	80000	4000
菜豆	12.0	25000	1500
豌豆	12.8	40000	2000
西芹	13.0	45000	2000

⊖ 在一定的光照强度范围内，植物光合速率随光照强度的增加而迅速上升，当达到某一光照强度时，光合速率不再增加，表现出光饱和现象，此时的光照强度称为光饱和点。

（续）

蔬菜的种类	最大光合速率 / [毫克 /（分米 ² · 小时）]	光饱和点 / 勒克斯	光补偿点 / 勒克斯
生菜	5.7	25000	1500~2000
鸭儿芹	8.3	20000	1000
襄荷	2.3	20000	1500
款冬	2.2	20000	2000

◎ 比温度更重要的是光照条件

在日本关东地区的小商店里最早 3 月上旬就开始上市的西瓜，是群马县太田市薮塚产的小型西瓜。位于日本关东平原西北端的这个地区，因为属于内陆性气候，冬季的气温绝不会比其他的西瓜产地高。尽管如此，这里的西瓜能早上市的原因究竟是什么？

由图 2-1 能看出，薮塚周围的地域比熊本县和千叶县佐仓市的富里这些西瓜产地，冬季的光照时间明显更长。

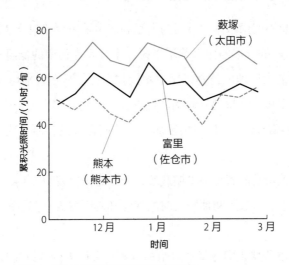

图 2-1　日本西瓜产地冬季的光照时间比较
（　　）内为观测地

群马县上州的特色是"老婆说了算，冬季寒风紧"。冬季白天干燥的强风吹过的地方，容易确保光照时间。这得天独厚的光照条件，正是西瓜生长发育不可缺少的。只要有光照，用多层覆盖就能维持最低温度。相反，虽然加温能确保温度，但是如果光照不足，西瓜的坐果、膨大、品质的提高等就没有希望。

使每一片叶尽量多接受光照，这才是西瓜栽培成功的秘诀。

◎ 利用嫁接和覆盖技术扩大的种植模式

原产于非洲沙漠地带的西瓜，强光和温度是不可缺少的，再就是不耐低温和降雨。

用自根苗栽培西瓜时，可用促成栽培、半促成栽培、小拱棚早熟栽培这些种植模式，在低温期茎叶和根几乎不生长。好不容易到6月时才快速地生长发育，像所说的"收稻瓜"一样要到晚夏至初秋时收获。

另外，如果连续栽培西瓜，会使西瓜枯萎病等土壤病害蔓延，最后就无法栽培下去了。因此，为了使西瓜在低温时根能伸展和防止枯萎病，一般都采用葫芦、南瓜、冬瓜作为砧木进行嫁接。通过嫁接，西瓜的种植模式也有了很大进展，把5~10年的轮作期缩短，变成能连作的作物。

◎ 进行保温和遮雨覆盖是最基本的要求

对于不耐低温也不耐雨水的西瓜，为保温和遮雨采用覆盖栽培是很合适的。特别是对6~8月为上市高峰的日本的西瓜栽培来说，生长发育初期的低温和梅雨期的长时间降雨，成为生产上的大问题。虽然采用了嫁接技术，但是在日平均气温在10℃以下的低温期的生长发育很慢。如果遇到晚霜和倒春寒，降到0℃以下时还会因发生冻害而枯死（图2-2）。若被雨淋了，不仅以枯萎病为主的病害多发，而且花粉和柱头会因为有水滴而坐不住果。

日本山形县和秋田县的简易小拱棚栽培，属于定植比较晚（4~5月定植）的种植模式，定植初期的保温、坐果到初期膨大时的保温和遮雨覆盖，都是采用一层塑料薄膜的简易小拱棚。

不管怎样，在季节变化剧烈又加多雨的日本，采用大棚或拱棚栽培西瓜是基本的。而且，在温度较低的低温期早定植的种植模式更要增加设施，实行多层覆盖（图2-3）或采用容积大的大棚、小拱棚。这是用最少的投资，对前期这重要时期进行保温和遮雨而采用的好例子。相反，定植晚的种植模式可用小拱棚，根据产地灵活运用，像山形县和秋田县就用简易的小拱棚。采用适合各时期的保温方法，把必要的费用降到最低，同时采用几种保温方法减轻作业强度，也能扩大经营面积（图2-4）。

图2-2　瓜苗因覆盖强度不够而受冻害导致枯死（图中左侧）

图2-3　拱棚内的多层覆盖

越早定植，越需要增加设施

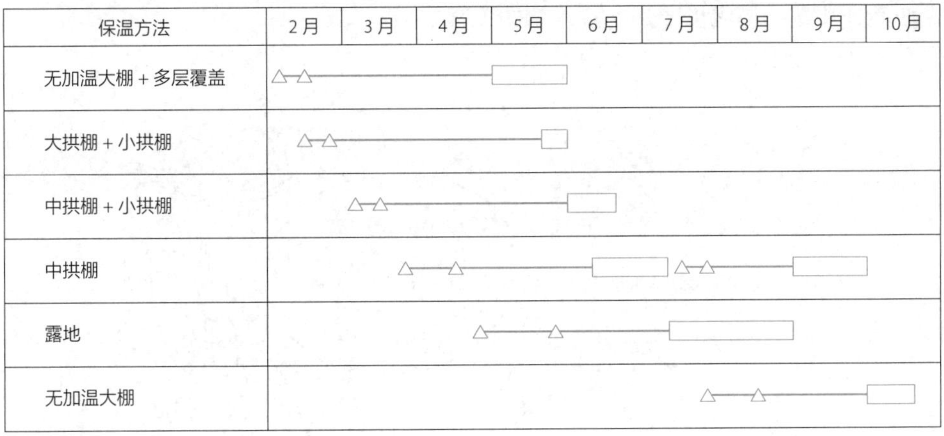

保温方法	2月	3月	4月	5月	6月	7月	8月	9月	10月
无加温大棚＋多层覆盖	△─△			□					
大拱棚＋小拱棚		△─△		□					
中拱棚＋小拱棚			△─		□				
中拱棚			△─	△	□	△─△	□		
露地				△	△		□		
无加温大棚							△─	△	□

△：定植　　□：收获

图2-4　西瓜的保温方法和各种种植模式的栽培月历

本图以日本关东南部地区为例，各个时期因地域不同而有变化

◎ 坐果负担在果菜类中是最大的

1个果实的标准重为6~8千克，这在果菜类中除了西瓜之外还没有。另外，吃完西瓜后留下的种子播种后就能发芽。总之，西瓜要培育成大的果实才能完熟。西瓜以1个大果实坐果，坐果的负担在果菜类当中是最大的。

番茄、黄瓜、甜椒等大多数果菜类，茎叶生长和坐果、收获这些过程是同时进行的。栽培者进行管理时，要平衡同时进行的营养生长和生殖生长，避免极端偏重。相比之下，大多数西瓜是坐果后1次收获，即使想让西瓜收获2茬果的情况下，也是在收获

了第1茬果后再重新使其坐果。从生长发育层面来说，似乎更单纯，但是因为有着极端的坐果负担，所以事情也是很复杂的。

◎ 确保坐果和维持果实膨大同时实现

在一次坐果之后，就有"因为植株长势弱，所以转向促进营养生长吧"的想法是不行的。认为坐住果后就要多浇水和追肥以促进果实的膨大，结果有的植株的长势更弱了。如果出现这种情况和坐果前植株长势过于旺盛的情况，要想再使其坐果就困难了（图2-5）。

如果营养生长过于旺盛，西瓜就会出现蔓徒长现象，雌花发育不良。连花是否开了都看不清楚的雌花刹那间就会错过。如果坐不住花，无论茎叶有多么发达也收获不到果实。使其坐住花、长成果才是西瓜栽培的关键。

图2-5　确保坐果和维持果实膨大同时实现

另外，如果为了使西瓜更好坐果而温和地管理植株长势，会造成果实不能充分膨大，还由于强烈的坐果负担造成植株萎蔫，甚至枯死。要求植株长势能承受坐果的负担，而且有与培育更美味可口的果实相适应的发达的茎叶，确保能挑选出质量好的幼果。以能充分坐住果的植株长势来管理植株，这是西瓜栽培的难点所在，也可以说是非常有意思的地方。

◎ 栽培技术的差别导致了价格的不同

像西瓜这样的嗜好品，如果它很好吃，即使贵一点人们也愿意购买。

如果特别好吃的萝卜卖 300 日元（100 日元 ≈ 5 元人民币）、一般的萝卜卖 150 日元，愿意付 2 倍的价格购买前者的人也很少吧。人们对平常吃的萝卜的味道和品质的差别还没有那么大的期望。但是西瓜，如果特别好吃的西瓜 1 个卖 3000 日元、一般的西瓜 1 个卖 1500 日元，就会有很多人选择购买特别好吃的西瓜。如果西瓜特别美味，还可以作为礼品送人，或只买一点尝尝；如果非得让人选，考虑美味可口的人一定也不会少。像西瓜这样的嗜好品，品质最重要，最终是由栽培技术的差别导致价格不同。

另外，单价高的等级和单价高的时期的影响也不能忽略。

虽然上一周市场价格还很好，但是自己的瓜上市时价格却跌了，这种一切努力都落空的情况谁也遇到过。另外，看一下各大产地，每年都有在价格高的时期全卖光的高手，他们要么卖的几乎都是 2L 级的 A 等品，要么就因在别人的西瓜没有收获时就上市卖了高价而成为名人。这些西瓜名人都有以下共同点：自己培育最理想的苗，及早做好场圃准备，确保初期的生长发育，想尽一切办法进行保温，即使是稍遇低温也能使生长发育、坐果顺利地进行，及早并快速地完成整枝作业，不追求栽培太大的面积，把生长发育等情况详细记录好并总结经验找出不足，使第 2 年的栽培再上新台阶。

如果有强光和合适温度，西瓜就生长很快。此时坐果很好，果实膨大或果实品质也很好，管理水平就显现不出来。天气好的年份谁都能生产出好的西瓜。但是，西瓜名人在一般人失败的年份还能意想不到地如期地把 A 等品西瓜供给市场，这时就是大家都知道的赚钱时刻。

这其中的秘密都隐藏在育苗、地块准备时期、保温方法、整枝作业、经营面积里，此外每一个环节中还要有足够的进取心。

2 西瓜栽培的管理重点

◎ 有很多瘦弱苗——你的苗怎么样

"西瓜栽培面积有多少？"这个问题每个生产者都能回答。问"需育多少株苗呢？"实际育过苗的人稍微考虑一下也能回答出来。不过，"这些苗需要多大的苗床面积呢？"被突然问到这个问题时，很多人就不能清楚地回答了。而且，大多数人说不出具体的数字，反而先说一些模糊不清的理由。

"受育苗棚面积的限制，就这么凑合了……""原先就是这样，就……""如果面积大了，浇水就很费劲……"，而且还有"苗是家人负责育的，我不怎么清楚……"，总之，不知不觉地就说出了培育出瘦弱摇晃的徒长苗的原因（图2-6）。

图2-6　瘦弱苗的产生原因

的确，虽然是瘦弱的徒长苗，在有的年份它们也能和正常结实的健壮苗一样收获漂亮的果实，但是如果定植后数天有寒流来了，又有持续几天的雪天，这样的苗就不行了。负责光合产物供给的叶片少的瘦弱苗缓苗就会推迟，天气恢复后发芽也晚，即使是早定植，生长还是缓慢；根的伸展也很差，到生长发育后半期植株就已衰弱，或者发生土壤病害。

但是结实健壮的苗就不同了。随着天气的恢复，子蔓开始伸展，就会长成整齐的子蔓。即使是同一时期定植，结实健壮的苗开始授粉也早，作为产地的代表在别人的西瓜还少有上市的时候他的西瓜已经很悠闲地上市了。

所以，要准备结实健壮的苗。这是一直没变的西瓜栽培的基本要求。

◎ 确保定植前的地温适宜

（1）最担心的是早春的寒害　对于低温期开始的半促成栽培或小拱棚早熟栽培来说，定植后应对低温的对策可以说是很重要的。反过来也可以说，根据采取的保温方法就能决定定植时期，在晚霜时期大致结束时，就必须考虑棚内蔓的整枝了。

最终的大体目标是，2月以前定植需要大棚，这之后到3月前半月定植需用大拱棚，3月后半月及以后定植用中、小拱棚，并且每种都需要配合使用多层覆盖。在每个时期应选择与那个时期相对应的保温方法，并使寒害风险和保温材料成本相平衡（图2-4）。

（2）及早确保地温促使稳定缓苗　在日本，早春被称为"倒春寒"的低温期有"三寒四温"的说法。这个时期和能确保光照的太平洋侧的冬季低温不同，光照少是其特点，不管采用什么样的保温方法，持续3天寒冷气温就会很低。在这样的环境下，除加温以外能做的事是在定植前确保地温。

图2-7表示的是在露地上铺设聚乙烯塑料地膜后乙烯塑料小拱棚内的地温的上升情况。需要注意的是测定地温的深度。这里测定的是地面以下15厘米处的地温。10厘米以内的浅土层，短时间内就会受到环境影响，会因测定的时刻和当时的天气产生很大的变化。测定地温的深度以地温比较稳定的15～20厘米比较合适。而且只要确保了这个深度的地温，即使是出现连续的低温少光照情况，也能保证小拱棚内的地表有一定的温度。这样就不容易发生寒害，根也向下伸展，如果天气恢复了，植株就会立即开始生长。

定植时确保的目标地温是15厘米深处为15℃。深层的土壤不易冷但是提温也慢，

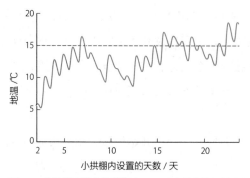

图 2-7　小拱棚内铺设地膜的地下 15 厘米处的地温的变化
（2011 年 2 月 2 日铺设）

早一点确保地温。

如果自然光照好，铺设后 1 周地温就能达到 15℃，但是以后由于天气不好又降低了。要想稳定地确保 15℃ 的地温，从铺设到定植要观察 2~3 周

要想确保目标地温，尽可能在定植前 3 周，最迟也要在定植前 2 周铺设好地膜和撑上小拱棚。同时，要使土壤有充足的土壤水分。土壤干旱的年份，在铺地膜前几天先浇水 30 毫米左右。

如果按土壤消毒、浇水、施肥、耕翻、铺地膜、撑小拱棚，3 周后定植这样的顺序考虑，铺设地膜要和播种、嫁接同时进行，或者先进行场圃的准备。周到地进行计划是很重要的。

◎ 在坐果前培育好植株长势

（1）茎叶生长和果实生长的平衡是很重要的　西瓜收获的是果实，所以最后能收获到好的果实就没有问题。但是，西瓜果实膨大、充实，同样需要有发达的茎叶和根，如果忽视了这个问题，西瓜栽培就无从谈起。

如果抑制一下茎叶的发达程度，雄花的开花数就增加，雌花的坐果也会变好。即所说的要从营养生长向生殖生长稍偏一下。但是，像前面叙述的那样，在坐果以后再进行追肥和浇水以增强植株长势也做不到了。促进开花坐果的生殖生长和促进茎叶根的发达的营养生长保持适度平衡是很重要的。如果想做到这个平衡，在坐果前培养成适宜的植株长势是关键。

（2）光合产物几乎都转向了果实　在这儿介绍一个研究成果，这是每一个西瓜生产者务必要记住的有启示意义的知识。

碳（C）以二氧化碳（CO_2）的形式被叶片吸收，作为形成光合产物糖的主要原料运向植物体内。和人摄取食物一样，植物通过各种方式维持着果实、叶、根的状态并进行生长。渡边等用 ^{13}C 这种特殊的碳同位素测定了坐果后的西瓜在光合作用中新合成的糖分别有多少转移了（图 2-8）。

可以对坐果叶（坐果蔓上的叶）和无果叶（无果蔓上的叶）进行比较。

不论在果实膨大的哪个时期，坐果叶生产的糖几乎都运向了果实。只有在果实膨大初期，上位叶运送到其他地方的糖占 10%，是稍多的，向根的供给几乎一点也没有。

无果的蔓制造的糖也几乎都供给了果实，有少量供给了根。无果的蔓称为"副蔓或游闲蔓"。但是由此试验可看出，这根蔓一点也没有闲着，并且还起着重要的作用。

另外，可以看出在坐果后光合产物向果实的供给是多么优先！在坐果前如何充实茎叶和根，一看这个试验就明白了。还有，在供给根的光合产物最少的果实膨大中期，需要注意在这个时期相继发生的急性凋萎症。

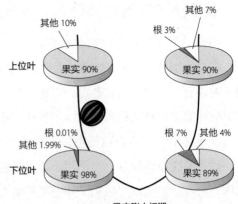

果实膨大初期
（授粉后 6~8 天）

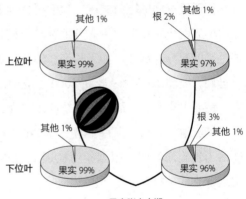

果实膨大中期
（授粉后 21~22 天）

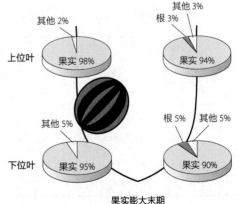

果实膨大末期
（授粉后 38~41 天）

图 2-8　果实膨大各时期的 ^{13}C 向果实和根的分配率（根据渡边等的试验数据绘制）

将坐果叶、无果叶又分上位叶和下位叶分别做了调查，以主蔓 1 根、子蔓 2 根，留下 1 个果实的植株为调查对象，主蔓摘心，除去各蔓上的腋芽。
分配率是指向叶片外各部位输送的光合产物的分配比例

◎ 维持植株长势要靠肥料，尤其要多施堆肥

研究一下西瓜对氮的吸收过程就可发现，对氮的吸收从生长发育初期开始逐渐变多，在坐果期持续，到果实膨大期达到高峰。在果实成熟期随着根的活性降低，只吸收很少的氮直至收获。不仅是氮，对钾、钙几乎也是以同样的形式吸收。但是这种吸收类型只靠施肥来应对是很困难的。要补充氮还是要靠堆肥中的有机态氮。

在土壤中，有机态氮逐渐被无机化，变成容易被根吸收的形态。再进一步，包括钾、钙等的交换性盐基，在活用土壤具有的缓冲能力的同时，把必要的养分缓和地供给植株，就不会突然发生缺肥。和别的果菜类相比，对坐果负担很大的西瓜，有这样的肥效尤其重要。

要形成这样的肥效基础，就需要持续地培肥地力。说起培肥地力，也并不是单纯地施用堆肥就行。相反，想充分地补足有机肥时，如果连续地施用同一种家畜粪，就会出现过剩的养分。例如，如果长期连续使用牛粪，就会蓄积很多的磷、钾、钙，而造成养分过剩。要想 1000 米²收获 6000 千克的西瓜产量，需氮 12 千克、磷 1 千克、钾 15 千克、钙 6 千克左右。而如果连续施用牛粪，肥料养分中的钙就容易过剩。

培肥地力时需要保持土壤与作物的生长发育相适应的平衡，为此就要进行土壤诊断并适当地施用堆肥，根据年份换用不同的家畜粪堆肥（表 2-2），另外，种植绿肥、使用土壤改良材料等也是很重要的。

表 2-2 为培肥地力不同年份使用不同的家畜粪堆肥成分

堆肥的种类		含水量（%）	1000 千克堆肥中含有的肥料成分 / 千克					碳氮比（C/N）
			氮	磷	钾	钙	镁	
牛粪	以粪为主，含水 50% 以上	61	11	10	14	16	6	13
	以粪为主，含水 50% 以下	36	17	18	30	28	11	13
	含有其他材料	49	10	12	16	16	6	17
猪粪	以粪为主	31	30	53	23	54	18	8
	含有其他材料	48	14	28	16	32	10	13
鸡粪	蛋鸡粪	18	26	66	36	166	14	8
	肉鸡粪	17	46	33	23	29	7	8

注：1. 本表参考日本千叶县主要农作物施肥基准制成。
2. 所含成分并不都是可快速被植物体吸收的形态，需要经微生物等的长时间作用被无机化。另外，还包括散发到空气中的、被土壤吸附的、淋溶下渗损失的部分。

◎ 整枝管理要在前期进行——越晚越费劲

（1）**进展缓慢的授粉作业**　西瓜栽培中，感觉最费劲的还是在坐果期。如果天气好，蜜蜂又勤劳地帮着我们授粉，就没有任何问题。但是，坐果顺利的年份是很少的。

降雨时蜜蜂就不能飞了，由于低温未出花粉，没有充分的光照而只出现畸形的雌花，认为坐住果了但又由于低温而凋谢了，诸如此类的事频繁发生。如果蜜蜂活动不活跃，就要人工授粉。好不容易花才出来，到10：00左右却还是只有较弱的阳光照射，但雌花不能再等待了，必须在短时间内进行授粉，即使出现这种情况也不能断念灰心。这时就要全家人一起出动，或者请人帮忙来进行授粉作业。

（2）**整枝作业缓慢导致授粉缓慢**　要使这样的紧急授粉作业不再发生，就要更换保温方法，错开定植时期进行栽培。但是，有时好不容易准备好了，也会被其他作业的迟滞耽误，这多是整枝作业的迟缓所致。在授粉前要尽快地把整枝作业做完（图2-9）。

如果长势旺，西瓜的蔓1天就伸长1节，达10厘米以上。到了孙蔓也开始伸展时，

图2-9　整枝作业缓慢导致授粉缓慢

就很难收拾整理。如果卷须缠到茎叶上变硬了，就只能一个一个地用手摘，并且，如果用劲拽开，叶片就会撕破，蔓也会折断。蔓与蔓之间互相重叠时，如果要把其理顺，也需费很多功夫。一个一个地整理虽然不很费劲，但是整个地块都需整理时就需要花费很多的时间。相反，如果做好准备提前整理，4～5 天整理 1 遍，就不会因卷须缠绕而畏难了。有时会觉得整枝作业太过细致，但是，当遇到因为下雨而无法作业时，或是邻居突然有什么事需要帮助时，以前细致的整枝作业就很有效了。

这样做也许整枝作业的次数会增加，但总起来考虑一茬中用的时间，还是认真地进行整枝时作业时间更短（参考整枝部分的内容）。

◎ 均一化栽培就是省力化栽培

（1）要防止品质参差不齐　以切开销售和装盒销售为前提的西瓜在栽培时最大的问题是品质参差不齐。切开这个瓜口感很好，切开那个发现里面的果肉串瓤了，这样就卖不成了。

要防止这种品质参差不齐的情况出现，最重要的是用均一化的苗进行栽培。在整个地块内所有的植株都处于相同的生长发育期，2～3 天就可以授齐粉，还可以一起收获，只是上市时间稍微有点差别。这样是最省力的方法，接触了西瓜栽培就会立即意识到这个问题。

相反，所有植株生长都参差不齐时，这株植株要这样管理，那株植株要那样管理，作业就非常繁杂了。生长参差不齐的植株越少，就说明有越多的植株正处于同一种管理作业中。

（2）以批为单位使作业均一化　若要进行均一化管理，从播种到育苗阶段就要开始实行。播种覆土的深度要均匀，苗床中间和边上的温度尽量保持一致，定植的深度和苗床的湿度等都要做到统一。大棚栽培时，为消除温度差异，要在大棚两头加上 2 层窗帘一样的塑料薄膜，会很有效（图 2-10）。

还有，因为西瓜的生长发育速度很

图 2-10　在大棚两头加上 2 层像窗帘一样的塑料薄膜可消除温度差异

快，很多作业差 1 天就有差异。今天操作的植株和明天操作的植株，在生长发育上就会有不同。因此，把 1 天能完成的作业面积作为 1 批来考虑，划分播种、嫁接、定植、整枝、授粉、疏果、翻转果、收获这些作业的作业面积时，以分别能在 1 天内完成作业是最理想的。

每株的管理作业中，1 次作业劳动时间最长的是整枝，但是，进行第 2、第 3 次整枝时，1 人平均 1 天能完成 500 米^{2}左右，可以根据人数和作业熟练程度决定 1 批的面积，别的作业也是这样计算 1 天的工作量和 1 批的面积。如果是 2 人进行管理，如 1 批的面积为 1000 米^2（500 米^2×2），所有的作业都分别在 1 天内完成。当然，地块准备和打药这些以农用机械为主的作业，也是把一定面积一起做完效率最高。

还有，棚内的低温或过于干旱造成应激反应也是西瓜生长参差不齐的原因。在受抑制的条件中，生长发育稍有不同在有应激反应时就产生了长势强的植株和长势弱的植株，造成大的生长发育差别和障碍。

（町田刚史）

3　西瓜的种植模式和今后的品种战略

◎ 主要的种植模式和产地

大型西瓜的主要产地和其上市的时期见表 2-3。种植模式根据上市时期的早晚，可分为促成栽培（越冬栽培）、半促成栽培、早熟栽培、普通栽培（夏收栽培），而且能和抑制栽培区分开（图 2-11）。尽管是相同的种植模式，由于播种时期不同，上市时期也会有早晚。

表 2-3　日本不同西瓜产地的种植模式和播种、收获时期

生产地	播种时期	收获时期	种植模式	大型西瓜产地	小型西瓜产地
冲绳县	9~10 月（H、BT）	年末 ~ 第 2 年早春	越冬栽培	○	
熊本县	10 月下旬 ~12 月，8~9 月（H、BT、T）	3~6 月，12 月 ~ 第 2 年 2 月	越冬栽培，促成栽培至半促成栽培	○	○

（续）

生产地	播种时期	收获时期	种植模式	大型西瓜产地	小型西瓜产地
高知县	11月~第2年1月（H、BT、T）	4~6月	半促成栽培	○	○
鸟取县	3~4月（H、BT、T）	7月	半促成栽培	○	○
爱知县	2~3月（BT、T）	6~7月	半促成栽培	○	
神奈川县	5~7月（T、R）	7~8月	夏收栽培	○	○
千叶县	8~9月（BT、T）	5~7月	半促成栽培和抑制栽培	○	○
	7月（T）	9~10月			
茨城县	1~2月（BT、T）	5~7月	半促成栽培	○	○
群马县	10月~第2年1月（H、BT）	3~5月	越冬栽培		○
长野县	3~4月（T、R）	7~8月	半促成栽培	○	
石川县	3~4月（T、R）	7~8月	半促成栽培	○	
新潟县	3~4月（BT、T）	7~8月	半促成栽培	○	
山形县	3~4月（BT、T）	7~8月	半促成栽培	○	
北海道	3~5月（BT、T）	7~8月	半促成栽培和夏收栽培	○	

注：1. 播种时期根据暖地、温地、寒地的不同而有很大差异，所以表中以大概范围进行表述。
2. H：大棚，BT：大拱棚，T：中、小拱棚，R：露地。

图2-11　西瓜栽培的不同种植模式

　　现在一般使用拱棚的早熟栽培，在日本长野县、石川县、新潟县、秋田县、神奈川县等就有很多。虽然同样是早熟栽培类型，但是在千叶县和茨城县，会在大拱棚（宽2.3~2.7米）里面再撑上中、小拱棚进行多层覆盖，1~2月播种，5~6月上市。有用中拱棚+普通拱棚在2月播种，6月下旬~7月收获的产地。还有，原本是为了遮雨而开始实行的小拱棚栽培，这种类型在3月上旬播种，7月中下旬收获。

比这些早熟栽培还要早的是冲绳县、熊本县、高知县等实行促成栽培、半促成栽培的产地。8月下旬~11月播种，在年末~第2年4月收获的促成栽培，在冲绳县以外的地区一般采用加温栽培。

半促成栽培多于11月~第2年1月播种，4月下旬~6月上旬收获。日本的西瓜主产地分为熊本县、千叶县，新潟县等日本海一侧的产地和也采用这种种植模式的北海道产地，西瓜在6月上中旬上市。半促成栽培时使用钢管棚内再加上小拱棚，两头加上吊帘组合成为比较简易的设施（北海道还需加温设施）。本书介绍的技术也是以这种种植模式为基础的。

促成栽培、半促成栽培、早熟栽培这些使生长发育提前的种植模式的反面就是抑制栽培。在温室中半促成栽培的后茬进行抑制栽培的情况较多（8~9月播种，11~12月收获），也有使用拱棚栽培的地区（7~8月播种，10~11月收获）。

后面还会讲到贮藏性好的小型西瓜的种植模式，还有以在圣诞节时上市和切开销售作为目标的种植模式。它们改变了"西瓜就是夏季吃的水果"这个印象，创造了新的需求，也许今后会成为值得关注的种植类型。

◎ 小型无籽西瓜将受到欢迎

在日本，大型西瓜的上市总量约31万吨，其中产量处于第1位是熊本县（以植木镇为中心）5.68万吨，第2位是千叶县（以富里市、八街市为中心）4.67万吨，第3位是山形县（以尾花泽市为中心）3.27万吨，第4位是鸟取县（以北荣镇、仓吉市为中心）1.86万吨，第5位是长野县（以松本高地为中心）1.72万吨（2010年日本农林水产省资料）。

但是，日本现在的趋势是随着农民高龄化，出于减轻劳动力的需求，大型西瓜栽培前进化的脚步有些受阻了。产量、年轻一代的家庭消费量也不怎么增长了。在这样的情况下，小型西瓜糖度高、口感好，可以整个买回来，比切开销售的西瓜卫生状况要好，受小家庭化的影响，消费量在逐渐增长。虽然还没有统计资料，但熊本县、高知县、鸟取县、群马县、千叶县、茨城县已进行了产地化栽培，熊本县、高知县、群马县、茨城县的小型西瓜在市场上销售得较多。这种趋势推动了贮藏性好、果皮色泽好、呈椭圆形的稀奇品种从外国引入日本。

不用切开而是整个放在冷库中贮藏的小型西瓜有爽口的口感，比以前的大型西瓜更加美味可口，受到很多家庭的喜欢。但是为了保持这种状态，应在保持爽口口感的基础上，继续提高小型西瓜的多汁性和贮藏性，以此作为育种的目标。更进一步，当小型无籽西瓜出来时，小型西瓜的前途就更广阔了。实际上这些育种工作在世界各地都已经有了初步成果，这是很值得高兴的事情。

◎ 通过抑制栽培在秋冬季节上市

有专家正在进行的研究，有望促进西瓜市场扩大和上市时间延长。

这个构想是，原样利用前茬的垄埂地面，在植株基部附近施肥，尽量减少栽培经费和劳动力，并且向年轻女性宣传呼吁西瓜的水果沙拉化，使小型西瓜延长到在圣诞节前上市。如果使用外国的贮藏性好的小型西瓜品种，在11月上旬收获（采用抑制栽培），这个构想就能实现。

对此，著者进行了试作，在大拱棚中7月10日播种，8月5日定植，9月上旬授粉，11月8日收获（千叶县），发现外国的小型西瓜品种即使是在室内贮藏50天，果肉也还好好的。由此看来，如果构筑好面向销售地的直销体制，就能开发出以前没有的栽培类型。

专栏

西瓜的生理特征和适地

西瓜的生理特征归纳、总结如下。

①西瓜原产地是非洲南部的卡拉哈里沙漠周边，基本上是属于喜温暖的耐暑性植物。

②最适宜的生长发育温度为28~30℃，生长发育不出现障碍的最高温度为35℃，最低温度为10℃。

③根可在5~6米的范围内扩展，多数在15~25厘米深的土壤内形成浅根性的根群层。

④生长发育旺盛，喜光、喜通气性好和略微干燥的环境。

⑤喜pH为5.5~6.0的弱酸性土壤，喜欢有机质多、通气性好、排水性好、

有适度保水性的土壤，不喜过量的氮肥。

⑥适宜的土壤水分含量为 60%~65%（pF=2.3~2.5），只是在坐果后 10~15 天膨大期的前半段，需要把土壤湿度调整到 70%~75%（浇水）。

⑦发芽需要的条件是 28℃6~7 天。

⑧花芽分化是从真叶展开 1~2 片时开始（图 2-12）。实用的坐果位置是在 20 节位前后，这个坐果的花芽在真叶展开 2.5~3.5 片时分化。要想促进花芽分化，控制温度为白天 30℃、夜间 15℃，有一定温差为宜。

图 2-12　西瓜的花、叶、腋芽、卷须（町田 供图）

⑨授粉时的花粉（雄花）在 15℃以上时产生。它从 5~6 月晴天的早上 5：30 分前后开始活化，到 8：30 分后活力就大大降低了。

⑩在坐果后约 15 天昼夜温差要达 15℃以上，在促进光合作用的同时，也促进糖、淀粉的流转而使糖度升高。

⑪从果实授粉到完熟的天数，关东地区大型西瓜品种为 50~52 天，小型西瓜品种为 38~40 天。在暖地，大型西瓜品种能提前 6~7 天成熟，小型西瓜品种能提前 7~8 天；在夏季，大型西瓜品种能提前 20~22 天成熟，小型西瓜品种能提前 12~14 天。另外，冷凉地和寒冷地的大型西瓜品种、小型西瓜品种都要再延长 5~6 天。

⑫对于收获后果实的贮藏性，日本品种的大型西瓜为 15~20 天，小型西瓜为 8~10 天。

（中山 淳）

◎ 今后的品种战略

西瓜的品种分类还没有正式的标准，著者根据以下几个方面进行了分类。

①果形。

②果实的大小。

③果皮的特征。

④果肉的颜色。

⑤收获时间的早晚。

⑥染色体数（倍数的不同）。

⑦果肉和种子这些食用部分的不同。

以这些特性作为基础，为便于栽培，对现在的主要品种和试验品种按实际栽培中的种植模式进行分类，见表2-4、表2-5。

不同的种植模式，要选择具备一定基本要素的西瓜品种。例如，促成栽培、半促成栽培、早熟栽培时，要求品种低温伸长性好，花芽分化和坐果性稳定，在果实膨大后半期时还能很好地维持植株长势；夏收栽培和抑制栽培时，要选择即使高温时花芽分化和坐果性也没有障碍的品种（中熟或晚熟品种），还要求在夏季高温干旱时也能做到根部和地上部的平衡性好（理想的根冠比为1∶1），以维持植株长势。

（中山 淳）

表 2-4　日本主要大型西瓜品种的种植模式分类（包括试验品种）

种植模式	大型西瓜分类							
	圆形条纹皮类型		椭圆形条纹皮类型		圆形黑皮类型		椭圆形黑皮类型	
	红肉	黄肉	红肉	黄肉	红肉	黄肉	红肉	黄肉
玻璃温室栽培、乙烯塑料棚、钢管大棚栽培	缟王大果 RE、味灿烂、节日伴奏 777、红大、夏私语	夏橙大、夏橙中（中型）						
大拱棚栽培	节日伴奏 777、春团圆红大、味灿烂、味灿烂 Type2、缟王大果 Ke、甘泉、精佳	黄金旭都、小金、夏橙大、夏橙中（中型）	N-5941					
小拱棚栽培	节日伴奏 777、春团圆红大、味灿烂、味灿烂 Type2、甘泉、精佳、红宝玉、甘露王	夏橙大、夏橙中（中型）	夏枕、N-5941		传助、N-1096、味男（中型）			
露地栽培	红大、味灿烂 Type2、缟王、夏团圆		夏枕、N-5942	有外国品种	黑金、传助		阿克喜亚（中型）	有外国品种
秋收栽培（抑制栽培）	夏团圆、味灿烂 Type2、缟王、节日伴奏 777、红大、缟王	夏橙中（中型）	夏枕、N-5941		黑金、3X桑巴（无籽）	3X黑月亮（无籽）	阿克喜亚（中型）	

注：1. 著者根据①果形、②果实的大小、③果皮的特征、④果肉的颜色、⑤收获时间的早晚、⑥染色体倍数、⑦果肉和种子这些食用部分的不同进行分类。
　　2. 能适合多种种植模式的品种有很多。

表2-5 日本主要小型西瓜品种的种植模式分类（包括试验品种）

种植模式	小型西瓜分类							
	圆形条皮类型		椭圆形条纹皮（黄皮）类型		圆形黑皮类型		椭圆形黑皮类型	
	红肉	黄肉	红肉	黄肉	红肉	黄肉	红肉	黄肉
玻璃温室盆栽培、乙烯塑料钢管大棚栽培	红玉、爱姬、姬甘泉5号、闪烁、美女日向（黄皮）	黄玉H、夏橙童、美黄姬、黄太郎	马达球、独占7号、姬枕、MKS-W84、MK-W66	NW-593	夏美人、爱姬夏子、黑姑娘	月姑娘	康加鼓、金小町（黄皮）	
大拱棚栽培	爱姬、姬甘泉5号、闪烁、美女日向（黄皮）	美黄姬、黄太郎	马达球、独占7号、姬枕、夏吻、MK-W66、金蛋（黄皮）	金黄马达球	黑姑娘			
小拱棚栽培	爱姬、姬甘泉5号、NW-533	美黄姬、黄太郎	马达球、独占7号、姬枕、夏吻、MKS-W84、MK-W67、金蛋（黄皮）	金黄马达球、NW-593	黑姑娘		康加鼓、N-BPC	
露地栽培	姬甘泉5号		姬枕	NW-593			康加鼓、N-BPC	有外国国品种
秋收栽培（抑制栽培）	姬甘泉5号、3XNW-414（无籽）	黄太郎	独占、独占7号、夏吻、姬枕、马达球	金黄马达球、NW-593			N-BPC	

注：1. 著者根据①果形、②果实的大小、③果皮的特征、④果肉的颜色、⑤收获时间的早晚、⑥染色体倍数、⑦果肉和种子这些食用部分的不同进行分类。
2. 能适合多种种植模式的品种有很多。

第3章

育苗管理

1 育苗计划和材料准备

◎ 自根苗与嫁接苗

自根苗就是用西瓜的不定根培育而成的苗，自根苗的根易被枯萎病病菌侵染，并且在寒冷时期栽培时低温伸长性差。为了解决这些问题又开发了嫁接苗。

嫁接苗比自根苗的植株长势强，对病害抵抗性强，在低温期的伸长性也强。为了利用嫁接苗的这些优势，现在产地都采用嫁接苗。

（1）西瓜砧木的种类和特性　砧木的种类有葫芦、南瓜、冬瓜（表3-1），还有野生的西瓜。它们都对枯萎病有抗性。其中，不影响果实的品质，在低温时有伸长性，耐热性优良，具有综合实用性的砧木是葫芦。用葫芦作为砧木的西瓜栽培面积占日本西瓜总栽培面积的70%~80%。

表3-1　主要的砧木品种

砧木	品种
葫芦	胜哄2号、铁壁（萩原农场），FR大突、Topgan（nanto种苗），豪杰、相生（mikado协和），FR长寿（大和农园）等
南瓜	No.8（泷井种苗），辉煌（萩原农场），纯正新土佐（大和农园）等
冬瓜	优冬瓜1号、优冬瓜2号（萩原农场），阿特姆（神田育种农场），莱昂（nanto种苗）等

用得第2多的是南瓜砧木。特别是在沙质土或地力低下、难以维持强的植株长势的地块，还有在定植初期想利用其低温伸长性的北日本产地等处，要利用南瓜砧木。它的缺点是比葫芦砧木的果肉坚硬，还有比西瓜本来的深桃红色的果肉颜色更深了一些。

用冬瓜和野生西瓜作为砧木，果肉品质和自根西瓜的品质几乎没有差别，耐热性也很好，但是遗憾的是低温伸长性差，推广的面积不怎么大。

今后的研究方向就是不依靠砧木，利用自根西瓜在育种时导入抗枯萎病的基因，这样的研究正在进行中。低温伸长性好的日本系小型西瓜和大型西瓜的自根抑制培育方面的特性会对这些研究起到作用。

（2）**自家苗和购买苗**　自家苗是自己亲手育的苗，所以能把握住育苗的过程，培育出茎叶健壮、根的伸展性好的健壮苗，还能生产出比购买苗价格低的苗。和其他作物的上市时间重合，无论如何也抽不出时间进行育苗的人，或者自己对西瓜育苗不熟练的人，可利用购买自专业育苗厂的苗，即购买苗。还有，自己育的苗不足时用购买苗来补充也是很方便的。

另外，因为购买苗是大量高效率生产的，可以周转开，所以能在稍高的温度和湿度下育苗，还能较早地上市。因此，买来后要使它们充分地接受光照，隔 3~4 天浇 1 次水，在土壤稍微干燥的环境中进行管理。使白天温度为 30℃、夜间温度为 15℃，昼夜温差达 15℃，再进一步培育成叶硬、叶肉厚的苗。

◎ 钵苗和穴盘苗的选择要点

西瓜多采用促成栽培、半促成栽培、早熟栽培这些能提前上市的栽培方法，一般是把苗培育成有约 5 片真叶时再定植。因此，育成的苗一般是用能确保根量多的钵苗（聚乙烯塑料钵）。培养土的量为用直径为 9 厘米的钵装 350 毫升，用直径为 10.5 厘米的钵装 450 毫升，无论采用哪一种钵都是能供西瓜充分生长的容积。

钵苗在培育成苗的过程中，可以进行能增加采光量、防止徒长的"挪动作业"，这是其优点。

还可利用穴盘苗。穴盘苗有 50 穴的穴盘（连接在一起的小钵）和 72 穴的穴盘，1 个穴的用土量分别为约 84 毫升和约 43 毫升（平均 1 个穴盘分别为约 4.2 升和约 3.1 升），只有聚乙烯塑料钵的 1/10~1/4。对于温室或大拱棚、小拱棚用的苗，这个容量有点小。

但是，第 2 章介绍的抑制栽培，它的定植是在 6 月下旬 ~7 月中旬的高温期。根的成活、初期的生长发育提前时容易出现强光照（热），也会促进根向深处伸展，这种种植模式在幼苗的真叶展开 2~2.5 片时定植有利，能利用穴盘苗。

另外，育钵苗的情况下，因为培养土的量多，排水性差时就会造成湿度过大，通气性也变差，由于氧气不足而造成伤根。穴盘苗则与之相反，因为培养土的量很少，所以容易缺肥；又因为干得快，所以容易造成水分不足而伤根。要从各方面注意用土情况，特别是穴盘苗使用的培养土是很关键的。

◎ 育苗材料的准备和所需的面积

适于育苗的场所要求 1 天中阳光都能照到、风的强度小、水的使用方便、附近有电源、能确保所需要的面积等。除了这些，著者还会考虑以下内容。

假设栽培 10000 米 ^{2}，按株距为 70 厘米计算需要的苗数计 6000 株，预计损失率为 5%，共需 6300 株。种植砧木用 128 穴的穴盘（28 厘米 × 54 厘米），种植接穗用 200 穴的穴盘（大小与砧木用穴盘相同）。6300 株需要穴盘的数量为，前者 50 个、后者 32 个，共计 82 个。把这些穴盘摆开则需要的面积约为 12.4 米 ^{2}，使用宽 1.5 米、长 8.5 米的 1 个小拱棚刚刚好。但是，实际上只有这些面积还不够。把嫁接苗从临时栽植的钵移植到正钵中，再到定植时还需要管理场所。促成栽培的正钵（聚乙烯塑料钵）的直径为 9 厘米。上述的 1 个小拱棚中能放 1574 个钵（850÷9×150÷9），6300 钵则需 4 个小拱棚。

还有，到定植这一阶段还需要挪钵的管理作业。如果按需要当初面积的 1.5 倍计算，需要这样的小拱棚 6 个，就能培育出栽培 10000 米 ^{2} 的钵苗。

顺便提一下育苗需要的天数，砧木和接穗生长约需 20 天，嫁接后临时育苗需 4~5 天，挪钵和以后的管理到定植前需要 35~36 天，预计共需 60 天。先育一半（5000 米 ^{2}）的苗，在嫁接苗培育好的阶段定植，再进行剩余一半的播种，若把小拱棚巧妙地依次摆开，就可以少占地，但如果不方便挪钵，或温度难以控制等，反而不利于管理。还是需要设计好备用的小拱棚，建议在宽 5.4 米、长 20 米的 2 栋温室内，在靠前的地方选建小拱棚各 4 个。这些育苗床和小拱棚用的材料（2 栋的量）见表 3-2。另外，温床的建法见图 3-1。配线时温床线苗床两侧端部木框附近的间隔要小一点、苗床中央部的间隔稍微大一点。

表 3-2　育苗床和小拱棚用的材料

类别	材料
苗床用	稻壳：约 5100 升 1 千瓦、200 伏、120 米的三相电热温床线：8 套 乙烯塑料垫（宽 1.8 米、长 8.7 米、厚 0.75 毫米）：8 张 温床线用电子温度记录器：8 个 温床框架板（宽 1.5 米、长 8.5 米、厚 1.0 厘米）：能制作 8 个框架的数量
苗床上用的小拱棚	2.7 米 PVC 小拱棚弓条：128 根（8 个苗床的用量） 覆盖用的乙烯塑料薄膜（宽 3 米、长 10 米、厚 0.75 毫米）：8 张 温床垫（宽 3 米、长 10 米）：8 张 聚乙烯塑料薄膜（宽 1.5 米、长 10 米、厚 0.3 毫米）：8 张 塑料薄膜固定用封隔器，温床表面铺设用乙烯塑料薄膜（宽 1.7 米、长 8.7 米）：8 片

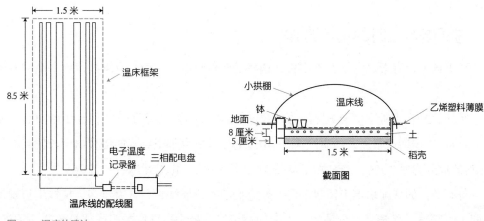

图 3-1　温床的建法

◎ 自制培养土的方法

需要的培养土有 2 种：播种床用培养土和钵用培养土。

播种床用培养土，因为使用的时间短（15~20 天），使氮肥在堆肥中的含量为 1%~3%，可以抑制苗的软弱和徒长。另外，还要提高通气性和排水性，使发芽之后的苗更健壮。

而钵用培养土需要速效性的氮肥和迟效性的氮肥配合使用，育苗中不能缺肥。除了具有和播种床用土相同的通气性和排水性外，而且还必须有适度的保水性。按照这些要求，自制培养土（钵用土）的设计见表 3-3。成分比例为氮占 4%~5%、磷占 20%~25%、钾占 5%~6%、镁占 20%、硅占 6.5%（掺入石灰把投入肥料的 pH 调节到 6.0）。

表 3-3　培养土配合案例（每 1000 升）

播种床用培养土		钵用培养土	
成分	数量	成分	数量
完熟腐叶土	400 升	完熟腐叶土	400 升
消毒的红土	300 升	消毒的红土	300 升
泥炭土（或者水苔）	200 升	泥炭土（或者水苔）	200 升
蛭石	100 升	蛭石	100 升
过磷酸钙（0∶17∶0）	3.7 千克	硫酸铵	0.18 千克
硫酸钾（0∶0∶50）	1.0 千克	魔肥（含氮 6.0%、磷 40.0%、钾 6.0%、镁 15.0%）	3.3 千克
		镁石灰（苦土石灰）	1.0 千克

注：使用的泥炭土都是 pH 已调整好的。

◎ 购买培养土时的选择方法

在市场上也有很多的培养土出售，选择的要点只有一句话：寻求技术水平高的专用培养土。

例如，种苗专业公司或肥料厂家制造的培养土大多是可靠的。著者使用的是"埃斯卡有机"（埃斯卡服务公司生产），使用过的生长发育都很好，能培育出生长健壮的苗（肥料的成分为氮 3.1%、磷 6.0%、钾 3.5%、钙 6.4%、硅 7.5%）。

也有类似的现配培养土销售。但一般它们的有机质缺乏，含氮量多，植株生长发育初期生长旺盛，尽管浇上少量的水也能伸展很快，最终多形成柔弱或徒长的苗。还有，通气性、排水性、保水性的平衡性差时，根的呼吸就会受阻，容易有腐烂的危险。

购买培养土时，充分调查肥料的成分比和物理性（通气性、排水性、保水性的平衡）是很关键的。

◎ 防止播种失败的方法

（1）降低湿度，培育砧木健壮　培育嫁接苗时，先要在播接穗（西瓜）的种子之前先播砧木的种子。葫芦种子或南瓜种子提前 7 天播种；如果是冬瓜种子，则提前 10 天播种。经过 3~4 天就发芽，待 7 天左右苗长齐了时就可播西瓜种子。4~5 天后西瓜种子发芽，8 天左右就可长齐苗。砧木播种后 15~16 天，就是嫁接的适期。

砧木的发芽适温为 28~30℃，但是在发芽后第 2~4 天，要把温度降到 25~28℃，这以后控制在 20℃左右进行管理（表 3-4）。这期间，要充分接受光照，尽量降低苗床内的湿度，夜间把地温维持在稍低的水平。葫芦和冬瓜不喜欢湿度过大。

表 3-4　砧木苗发芽的管理

砧木	发芽适温 /℃	发芽后的温度 /℃		
		发芽时	从第 2 天开始	在此基础上再从第 3 天开始
葫芦	28~30	（28~30）→	25 →	20
南瓜	28	（28）→	25 →	20
冬瓜	30	（30）→	28 →	20
野生西瓜	25~28	（25~28）→	25 →	20

注：例如，以葫芦作为砧木的情况下，从发芽第 2 天开始，把温度降到 25℃进行管理，再经过 3 天降到 20℃进行管理。

（2）**接穗（西瓜）的发芽条件**　西瓜的发芽适温为 25~28℃，一般培育到发芽比砧木要多 2~3 天。而且发芽初期稍微有些柔弱，尤其是容易徒长。因此，发芽后尽量把白天的湿度降低，使它接受光照，夜间也要降低湿度，控制苗床的地温为 20~22℃，培育出健壮的苗。这是培育接穗的要点。

所谓健壮苗，就是拔出苗时，用手指尖拿起胚轴部，植株也不会弯曲的这种感觉（图 3-2）。

另外，要想促使砧木和西瓜发芽整齐，提前把种子在自来水或井水中浸泡一晚，第 2 天把种子表面的水擦干后装入聚乙烯塑料袋中。

放入发芽试验器或者加温器[⊖]后加温 1~1.5 天，播在苗床上就能出齐芽（图 3-3）。

（3）**使发芽整齐的条件和播种方法**　前面讲了西瓜发芽和发芽后管理时需要注意的各种条件。不过，用其他培养土特别是喜氮量多的叶菜或根菜专用的播种培养土凑合应付，温度管理器的温度有的过低有的过高，以及因怕苗萎蔫而胡乱浇水造成湿度过大或透气不足、太阳光照射不足、浇水太频繁等的多种错误都容易发生。

在发芽管理中需充分注意的问题有必须要用果菜类专用的播种培养土、发芽苗床控制在适湿（60%~65%）范围内进行管理等。

叶肉厚、坚硬

苗硬、不弯曲

胚轴短，触摸时感觉很硬

图 3-2　培育接穗的关键是培育成健壮苗（硬苗）

图 3-3　使用专用穴盘的播种作业
易干燥，但也要防止湿度过大，不要培育成徒长苗。这样也能节约种子量

⊖　如野口式种子发芽试验器和家庭用发芽育苗器（泷井种苗）等。如果有能控制温度的恒温器，也能作为加温器利用。

特别是不要在晴天的中午进行浇水，要把覆盖的乙烯塑料薄膜大口敞开，把苗的露水等晾干后就关闭（这时要注意不要把育苗温室外部的冷空气放进来）。然后把小拱棚顶部覆盖的乙烯塑料薄膜互相重叠的部分留下一点小口，使湿度维持在60%~65%。

另外，发芽后要使苗接受光照，促进光合作用是很关键的。发芽初期的采光要求是使塑料薄膜不透光，培育后3~4天在注意避开冷风吹的同时，白天把塑料薄膜揭开。也有的人盖上报纸，但是这样做是因为要在发芽之前进行保湿，发芽后为防止徒长就要赶快撤掉报纸。

还要注意的就是发芽后要逐渐地把夜间的温度降低，要设定一定的昼夜温差以促进养分、水分的流转，也不能将覆盖材料打开就不管了。

育苗小拱棚内的覆盖材料（寒冷纱、报纸），像前面所讲的那样，开始发芽后就要立即撤去，小拱棚上的覆盖材料晴天时就不用说了，在阴天的白天也要撤去，在嫁接之前维持夜间温度为15~20℃。

2 嫁接和育苗管理

◎ N式改良断根插接法——使定植后的根尽早扎到土壤深层

（1）和枪木式断根插接法的不同　把砧木在胚轴处切断，在完全没有根的状态下进行嫁接的枪木式断根插接法，在日本已经普及。

但是用枪木式断根插接法，会发出很多的细根，确实是在定植后的初期生长发育旺盛，但是因为生根数多并且集中在耕作层的上部，养分、水分在上部，容易形成浅层根。

与此相反，著者（中山淳）从胚轴末端把发出的根留下2.0~2.5厘米长后切断，开发出了新的嫁接方法，称为"N式改良断根插接法"。开发新方法的目的是把苗的根尽快地引导到地温稳定、不易受干湿影响的25厘米以下的土壤层中。在这个方法中，生长发育初期的根断根处理得比枪木式要少，切断后留下的根供给嫁接初期的养分、水分，新长出来的根粗并且强壮。特别是胚轴末端基部发生的4~5根新根能快速地长粗、旺盛地伸展到土壤深层。这样它们在天气不好的年份就能发挥很大的作用。

另外，嫁接时除插接以外，还有靠接、劈接等方法。如果是在胚轴部分接合，就能用插接的方式。

（2）留下胚轴和根后的苗质变化　栽培西瓜有好的开头是很重要的。一般有"培育成了好苗就等于成功了一半"的说法，但是，要想适应容易变化的自然环境，就必须确保培育成的大苗的苗质。"N 式改良断根插接法"也可以说是其对策的一环。留下 2.0~2.5 厘米长的根后把其余的部分切掉，第 14 天时表现出根粗、伸展得更长，第 30 天时差别更明显。

对于根的发生，由于把未分化的胚轴部分切掉，在已经分化途中的胚轴末端给予刺激，观察是否能提高生根的速度，看最终根的发生倾向到底有什么变化。

其结果是，从切断根的细根部分再发出的枝状根，比从胚轴末端新发出的根发育旺盛、粗壮，伸展得也更长（图 3-4c）。

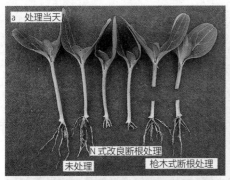

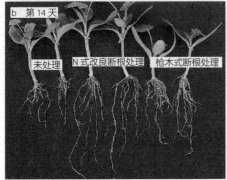

图 3-4　采用 N 式改良断根处理时根量的不同
留下 2.0~2.5 厘米长的根后把其余的根切掉，第 14 天时表现出根粗、伸展得更长，第 30 天时其差别更明显

著者在这之前发现，根数太多时根有互相依赖的倾向，不能充分地适应地上部的意外变化。但是，N 式改良断根苗尽管发生的根的数量少，可是根长得粗壮、伸展力强，随着环境的变化，有能更早旺盛地伸展到安全土层中的性质。

接下来，为大家详细介绍这种 N 式改良断根插接法。

◎ 嫁接前的准备和环境营造

（1）**嫁接前提高苗质的方法**　嫁接、培育与之相适应的砧木和西瓜接穗是首要任务，可是，疏忽了嫁接前的管理把苗培育成柔弱苗的人却很多。

要想避免这种情况，砧木发芽后，要从使培养土尽量地干一点开始。

天气好的时候，要使砧木苗充分地接受光照，即使子叶稍微有点萎蔫也要坚持一下，3~4 天浇 1 次水（图 3-5）。这种管理可以避免苗的徒长，能培育出健壮的苗。苗健壮时，能在叶片内贮藏充足的糖和其他养分，叶片厚度增加，即使遇到轻微干旱也不萎蔫，根部也明显地更为发达（图 3-6）。

对西瓜接穗的管理也大致和砧木一样，西瓜的胚轴很细，子叶小而且薄，如果萎蔫，可比砧木早一点浇少量的水，如果不浇水就会因光照而卷曲皱缩。间隔 2~3 天浇 1 次水。认真观察天气，要在晴天时浇水，1 次浇水的量以到傍晚时土壤表面略干为适量。

这样做就能培育健壮的苗，嫁接时容易操作，嫁接成功率和效率也会提高。

（2）**嫁接管理需要的环境条件**　要嫁接的苗移植到预先准备好的聚乙烯塑料钵中之前，要先在聚乙烯塑料钵中装满土，从移植前的 1~2 天就要把所需数量的钵放到小拱

由于干旱，叶片卷曲，想浇水，但是……

翻起卷曲的叶片，查看一下新叶，如果新叶还好，就坚持一下，先不浇水

图 3-5　砧木发芽后，尽量控制一下浇水以防止徒长（赤松富仁　摄）

棚内的苗床上（图 3-7）并加温至 25℃左右。保持小拱棚内的湿度在 90% 左右，准备好直接覆盖全体用的无纺布和用于小拱棚遮光的材料，以及保温垫等。

另外，在把嫁接苗放入小拱棚苗床之前，为防止萎蔫，还要准备用于给钵补水的手压喷雾器。

使嫁接部分愈合的条件是温度为 28~30℃、湿度为 90%~100%，且需要保持 3~3.5 天。砧木和接穗愈合后从第 3 天开始就需要给予光照，也需要逐渐地进行换气。如果天气好，小拱棚的温度达到需要温度以上的高温时，就要在保温毯上暂时盖上草席或寒冷纱。

图 3-6 理想的砧木苗（左）和徒长的砧木苗（赤松富仁 摄）
两者都是在嫁接前 5 天的状态。左边苗的轴有一定的粗度，叶片也厚，但是右边的是浇水过多、胚轴伸展得稍长的砧木苗

图 3-7 嫁接苗的苗床
在嫁接前 1~2 天把临时移植钵摆到苗床上加温至 25℃左右（半促成栽培）

◎ 嫁接作业和缓苗管理

（1）嫁接时必要的工具 主要有以下几种：

① 带柄的一边有刀刃的刮胡刀。

② 嫁接用竹签（图 3-8）或钢签。

③ 斜切接穗时使用的如切菜板一样的 30 厘米 × 25 厘米的干净板。

④ 盛接穗的小盘。

⑤ 栽植嫁接苗用的直径为 9 厘米或者 10.5 厘米的聚乙烯塑料钵。通常使用的直径为 9 厘米的钵，若到定植的时间稍长则可用 10.5 厘米的塑料钵。

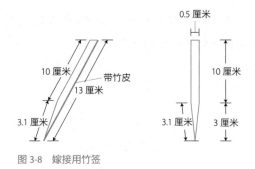

图 3-8　嫁接用竹签

（2）N式改良断根插接的顺序　西瓜嫁接时用削去一面的插接为好，按以下顺序进行（图3-9）。

①拔出砧木苗，把根留下 2.0~2.5 厘米长后把其余的根切去。

②摘除砧木苗的生长点。

③把西瓜接穗从苗箱中切下来，从叶片的下部到根的方向斜着用刀片切断。这时胚轴的切面长约 1.7 厘米左右。

④嫁接用竹签带皮侧朝下，斜着插入砧木的胚轴，穿过后尖端要露出来。

⑤拔出竹签，把西瓜接穗的切断面向下，牢固地插入斜着的孔中，接穗的尖端穿过砧木的胚轴，露出 0.3 厘米左右。

⑥确认一下，使西瓜接穗的子叶和砧木的子叶呈十字状，嫁接完成。

（3）嫁接后，浮着放置在钵内土面上缓苗　嫁接完成后假植到上面讲的聚乙烯塑料钵中，但是这时 N 式改良断根插接采用的移植方法和通常不同。如何做呢？在嫁接苗的培养土中央，预先准备好直径为 3~4 厘米、深 3 厘米左右的凹陷，从底面向上根露出 1 厘米左右，浮着放置到塑料钵中缓苗（图3-10）。这样做的理由是使根与空气接触，促进呼吸，更容易发生再生根（图3-11）。

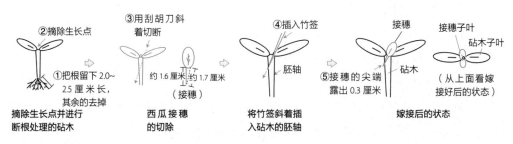

图 3-9　嫁接的顺序

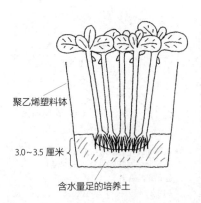

图 3-10　假植到 9 厘米塑料钵中
的嫁接苗

为了促使长出粗壮且伸展力强的根，
尽量地把根部浮着放置，使其与空气
接触

聚乙烯塑料钵

3.0~3.5 厘米

含水量足的培养土

图 3-11　浅植嫁接苗后长出来的根

不将根埋入土中，而是以与空气接触的状态
放置时，从胚轴基部伸展出粗壮的新根

　　另外，苗不是一株一株地放置，而是把几株苗稍拢一下并放置到塑料钵中（直径为10.5 厘米的塑料钵中放 7 株左右）。这样做会比通常的嫁接作业效率高，如果人手不足，可分散一下去干定植等专业性的准备工作。

　　把嫁接苗放到塑料钵中后，在根的周围培上土，并浇少量的水后放到苗床上。

　　（4）缓苗过程中的保湿和采光　缓苗过程中重要的是保证温度和湿度，使苗床的温度为 28~30℃。为使砧木和接穗的组织愈合，嫁接后到第 4 天的下午要保持 90% 高湿度的状态（图 3-12、图 3-13）。

　　嫁接后，如果当天是阴天，从第 2 天开始是晴天最为合适，不过只要不是极端的低温天气，第 5 天时就可把假植的苗疏散开，再 1 株苗 1 个塑料钵地移植进去（图 3-14）。稍微喷水把温度降到 25℃，移植后 1~2 天就可逐渐地打开小拱棚的乙烯塑料薄膜，开始进行轻度换气。

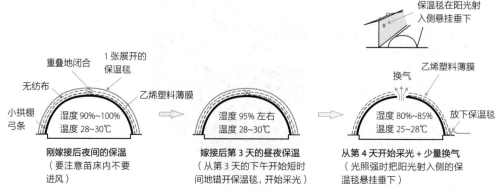

图 3-12　嫁接后小拱棚的换气结构

将苗用无纺布盖起来（左图），在乙烯塑料薄膜小拱棚上面再盖上厚一点的遮光网（右图）。晴天时在温室内再悬挂垂下遮光材料。从嫁接后第 3 天逐渐地减少覆盖材料，进行少量地换气，逐渐驯化。

图 3-13　使用覆盖材料和嫁接苗床的管理

到嫁接后第 3 天时，可使光透过覆盖材料，给予少量的光照；从第 4 天开始，撤去保温毯，逐渐地增加光照。到了第 8 天，组织愈合，为了培育成光合作用旺盛的健壮苗，就可有意识地把无纺布和乙烯塑料薄膜打开。第 10 天就把无纺布撤去，白天时留 1 层乙烯塑料薄膜进行采光，并进行轻度换气。

从第 12 天开始把乙烯塑料薄膜打开 25%~30% 进行换气。观察到苗有了生长活力时，在白天就可进行全面换气。

图 3-14　在养护的第 5 天把假植苗 1 株苗 1 个钵地分别移植到各个塑料钵内，注意不能移植深了

西瓜接穗与砧木组织连通的过程

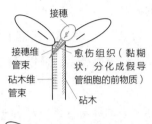

接穗

接穗维管束
砧木维管束
愈伤组织（黏糊状，分化成假导管细胞的前物质）
砧木

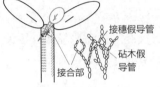

接穗假导管
砧木假导管
接合部

假导管输导组织的接合
（嫁接后第 2~4 天）

接穗导管
砧木导管
（假导管细胞间的隔壁消除，成为导管）

输导组织的连通
（嫁接后第 5~7 天）

图 3-15　西瓜苗嫁接到砧木上时维管束部（输导组织）的愈合过程

在砧木和接穗的接合部分出现褐色的黏糊状物，这是愈伤组织，它们变化成假导管细胞，作为临时的输导组织进行连接。假导管起着向接穗运送养分的临时通道作用。若苗顺利地成活了，这个假导管会将砧木和接穗以网状形式密切地连接起来。假导管的发生从嫁接后第 1 天开始，到第 5 天时细胞间的隔壁就消失了，形成管状，即成为导管。这个导管只有以网状完全地连通起来才算嫁接成功（图 3-15、图 3-16）。

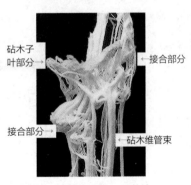

砧木子叶部分
接合部分
接合部分
砧木维管束

图 3-16　嫁接后第 30 天的输导组织（维管束）的愈合状态

◎ 育苗管理的实际操作

嫁接后的缓苗管理和育苗管理是连在一起的，不可分割，但是这里从嫁接后 15 天，组织愈合、苗的活力增加的阶段开始说明。

（1）**逐渐适应外面环境，使苗稍稍干旱地培育**　缓苗成活后，白天就全面地撤去保温用的乙烯塑料薄膜，夜间再把乙烯塑料薄膜和保温毯盖上。这样做可使小拱棚内的温度维持在晴天白天 28~30℃、夜间 20℃，尽量形成昼夜温差，培育健壮的苗。

还有，嫁接苗较耐干旱，因为不喜欢加湿，所以要少浇水，管理时保持稍干一点的状态。等到嫁接后第 16 天，在苗的生长发育旺盛了之后，观察到苗开始萎蔫时再进行浇水。浇水间隔为 3~4 天，浇水量为一个塑料钵内 100~150 毫升。在苗开始萎蔫之前不要浇水，这样根的生长发育强壮，能培育成耐恶劣条件的健壮苗。

另外，天气好时育苗温室中的温度达 40℃，偶尔能达 50℃。要及时换气把温度降下来，注意使温度保持在 20~25℃。但是，冷风直接吹入苗床时就能伤苗，所以从温室的下部进行换气是绝对不行的。

（2）**即使是阴天也要进行采光**　嫁接失败一般是因为嫁接后的养护管理不好。天气不好时不努力进行采光，反而盖着不管，使苗处在高温多湿的环境中。嫁接部分愈合的过程中，必须注意采光。然后，在维持适温的同时，把空气湿度逐渐地降低也很关键。

例如，即使是在寒冷的阴天或雨天，也要算计着在保持地温 20℃的同时，把换气的开口逐渐地开大以降低湿度，即使看不见太阳，只有弱光，也要让光照入棚内。阴天或雨天时也要尽量避免盖着覆盖材料不动，把盖 2 层的减去 1 层，把厚的覆盖换成薄的覆盖等。真叶展开 2.5 片以上、温度不低于 10℃的情况下，就可暂时揭开覆盖，努力进行采光。

（3）**不能懈怠的挪钵作业**　对于西瓜苗来说采光是特别重要的，这项采光管理的任务之一就是挪钵作业（图 3-17）。

苗进一步生长就会和相邻植株的叶片相重叠。如果放任不管，被遮住的下面的叶片的光合作用能力就会显著降低，同时还会发生徒长现象，苗就软化，病害也容易侵入，大大影响定植后初期的生长发育。

为了防止这种失败，重要的就是挪钵作业。挪动钵时要左右、前后倒换，并且使 1 个钵占的空间再稍大一点。注意占的空间要适宜，再大了就浪费空间，干旱也快，给管理造成不便。

（4）**追肥的时机判断和方法**　包括嫁接，育苗期长 45~50 天。近年来培养土有与此相对应的肥料设计，通常不需要担心追肥问题。但

图 3-17　及时进行换气和采光的苗群
从这时开始进行挪钵作业

是，如果培养土不适当，出现叶片发黄的缺肥征兆，或因天气差、定植晚造成苗没有生机，或出现老化苗的情况下，可喷洒叶面肥（液肥[⊖]）来应对。

叶面肥 1 周施用 2 次，隔 3 天左右以真叶的背面为中心进行喷雾。如果没有叶面肥，也可用果菜类追肥专用的氮钾肥，1 个钵内捏一撮地撒施。

（5）定植前苗的驯化 若忙于地块的准备，在定植前容易忘记苗的驯化（适应天气变化）作业。地块上的小拱棚或露地，和育苗床内的环境有很大的差别。无论如何也需要对苗进行驯化。

从定植预定日前 10~12 天，就要对培育得生长健壮的苗进一步培育，使它蓄积养分，以适应露地的环境。要实现这个目的，即使白天时是阴天，也要尽可能地进行换气，使夜间的最低温度降到 15℃左右，和白天的温度形成适宜的昼夜温差。浇水时注意，如果苗萎蔫就拔出来看一下根的情况，根的伸展良好就浇少量的水（育苗时的 1/3 左右）。

如果定植的苗没有经过严格的驯化管理培育，苗的根伸展差，多会出现初期生长发育慢的情况。甚至出现枯死的植株。特别是在寒冷地或夏季高温期的栽培必须要注意（图 3-18）。

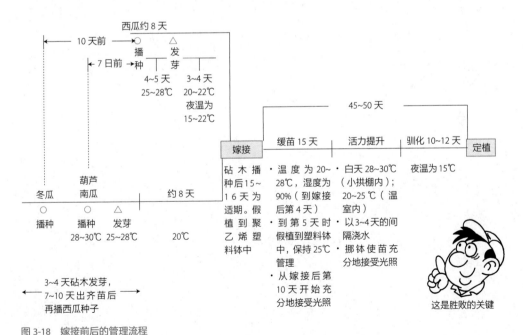

图 3-18 嫁接前后的管理流程

⊖ 著者使用的是氮磷钾含量为 8-3-3，并含有微量元素的肥料。

　　理想的驯化苗（适应天气变化的苗），是根很白、粗根很多，在硬的胚轴上长着叶肉厚并带有光泽的叶片的健壮苗（图 3-19）。

图 3-19　定植前经过培育的健壮生长的理想驯化苗

（中山　淳）

第4章
定植和定植前的准备

1 首先防治土壤病虫害要完全到位

◎ 实际生产中只进行土壤消毒

西瓜的日常管理很费时间，真希望能在自己家附近浇水方便、排水又好的地块栽培。为此，明知道连作不好但也只好每年都在同一个大棚或地块中栽培，这也是大多数生产者的实际情况吧。根据产地不同，进行长期连作的地块也有很多。采取这种操作主要的问题是土壤病虫害。

前辈们为了回避土壤病虫害，开发出了轮作、施用有机物、变更种植模式、调整土壤水分和 pH、嫁接、使用耐抗性品种、喷洒农药、土壤消毒、利用抗性作物和拮抗微生物等一系列的手段。但是，实际上"根结线虫怎样防治？""拟茎点霉根腐病怎样防治？"能解决的办法也并不多。最终还是多靠土壤消毒来解决。

基本的做法请看下边的专栏。但是做了土壤消毒也并不是就能防治得很彻底了。选择适合发生的土壤病虫害的防治方法，如果未按照合适的处理时期、方法做，反而会扩大危害。要想土壤消毒取得好的效果，请参考后面的内容。

专栏

土壤消毒的基础知识

土壤消毒，有"危险、难做、味大、费钱"这 4 个特点，近年来又加上"牢骚多"这个特点。只要是有其他好的办法谁都不愿意去做土壤消毒。正因为如此，既然要做，就切实做好，1 次就取得理想的效果。请看各种土壤消毒方法的特点（表 4-1）。

表 4-1　西瓜上使用的主要土壤消毒方法

处理方法	农药种类 / 能处理的时期	主要农药名称 / 主要消耗材料	材料费用 / （日元 /1000 米²）	主要的对象病虫害等
农药	氯化苦熏蒸剂	德劳苦劳尔	40000	枯萎病、线虫类、拟茎点霉根腐病
	氯化苦熏蒸剂	克罗皮克弗劳	75000	枯萎病、拟茎点霉根腐病
	氯化苦、D-D 剂	扫义林	50000	枯萎病、黑点根腐病、根结线虫
	D-D 剂	D-D	15000	根腐烂线虫、根结线虫
	异硫氰酸甲酯、D-D 剂	D·特拉派克斯油剂	45000	枯萎病、线虫类
	棉隆粉粒剂	巴斯阿米得微粒剂	40000	枯萎病、苗立枯病（立枯丝核菌）
太阳热消毒	盛夏期	石灰氮	10000	
土壤还原消毒	6~9 月处理结束	麸皮（1 吨 /1000 米²）、水（30~50 吨 /1000 米²）	40000	

注：表中计算的是平均处理 1 次消耗的材料费用（覆盖材料、浇水管及处理用的机械不包括在内）。

（1）用熏蒸剂的处理　德劳苦劳尔、克罗皮克弗劳等氯化苦熏蒸剂（不同剂型、浓度等），在西瓜上可防治拟茎点霉根腐病、枯萎病、线虫类、1 年生杂草等。它们对土壤微生物作用范围广，一次作业就可有效地抑制土壤病虫害或杂草种子的危害。但是，它们对眼和鼻刺激得很厉害，可到流泪不止、咳嗽不停的程度，是作业一次就不会忘记的刺激。正因为有这样的刺激性并且容易气化，所以在作业时必须要严格注意。

D-D、特隆、DC 油剂等 D-D 剂，对以根结线虫为主的线虫类发挥效果。一般对线虫类的效果比氯化苦还好。虽然它们对土壤病原菌没有直接的效果，但由于线虫危害引起的感染和症状多会助长病害增加，用此类药剂处理的结果是土壤病害也减轻了。

（2）异硫氰酸甲酯油剂、棉隆粉粒剂处理　特拉派克洒得（20% 异硫氰酸甲酯）油剂等异硫氰酸甲酯（M-TC）油剂，在西瓜上可用于防治枯萎病和线虫类。

还有和 D-D 剂的混配剂被广泛使用。

巴斯阿米得微粒剂或格斯特得微粒剂这些棉隆粉粒剂，就是把异硫氰酸甲酯粒剂化，制成便于使用的剂型。但它们的使用方法有技巧，使用不当时效果很差，有的甚至产生药害。

用氯化苦熏蒸剂等进行处理时要有适宜的土壤水分，用手轻轻攥住土，土稍能散开的程度即可。但对于棉隆粉粒剂，这样的水分是不足的，以用手轻轻攥住土，土散不开的程度为适宜。另外，土壤水分太多时气体在土壤中扩散不均匀，难以得到理想的消毒效果。因为土壤水分调整不到位，有的得不到好的效果，还有的产生了药害，失败的例子有很多，所以要注意。

另外，施用粒剂后至少进行 2 次旋耕，使它们在土壤中尽量地混合均匀是很重要的。

（3）**太阳热消毒**　这是用太阳热能防治土壤病虫害和杂草种子的土壤消毒法，方法为充分浇水后，用乙烯塑料薄膜严实覆盖，再将大棚严实密闭。要取得好的效果，也要根据天气条件，从梅雨期结束后最高气温达 30℃以上的时期，最迟到 9 月上旬，需要密闭 20~40 天。但是，原则上在大棚内 1 年能进行 2 茬以上的耕作，能空出地块这么长时间的生产者并不那么多。在现实中，可以活用太阳热消毒，就是和另外的土壤消毒法配合使用。

例如，半促成栽培在 5 月左右结束后，用 D-D 剂或棉隆粉粒剂等处理，覆盖至后茬开始施肥、浇水时，尽量长期覆盖着地膜。这样，加上用药剂进行土壤消毒的效果，虽然说不能达到百分之百的效果，但也可使太阳热消毒的效果得到最大限度的发挥，能实际感觉到对根腐病菌和杂草的抑制效果。

（4）**土壤还原消毒**　土壤还原消毒（图 4-1）就是在太阳热消毒的基础上再加上一项工作，能得到更稳定的效果，可进行处理的时期更长，还有能缩短处理时间的优点。

平均 1000 米^2 撒上 1 吨的麸皮或米糠，旋耕 2 次以上后浇水，浇至土壤将近成为泥浆状，再把土壤表面用地膜等全面覆盖。麸皮或米糠作为饵料使土壤中的微生物暴发性繁殖，消耗了大量的氧，从而使土壤还原；并且，由于太阳热和发酵的热能带来高温，使土壤成分分解，产生有机酸等并复合地起作用，可防治多

图 4-1　土壤还原消毒
左图：撒饵料；右图：喷水、覆盖

种病虫害。为了使初期微生物增加和得到高温，保证处理后 3 天左右有充足的光照是很关键的，6~9 月时需要密闭大棚 20 天（盛夏时需 10 天）左右。

　　土壤还原消毒从原理上讲在露地也是可以实施的。但是，因为这种方法需要把地块浇至接近泥浆状，需要大量的水，还有倾斜的地块易浇水不均匀，确保覆盖材料严密和不被风吹跑等也不容易，能用这种方法处理的地块是有限的。

　　近年来，开发出了用 0.5%~0.1% 的酒精来代替麸皮或米糠进行土壤还原消毒的方法。低浓度的液体酒精能渗透到 40~50 厘米深的土壤中发挥土壤消毒效果，它在国际上作为燃料使用的数量也在增加，价格也在上升。还有，要想取得深层消毒的效果，平均 1000 米² 就需要 200 吨水，期待这个方法能跨过成本和水源这两道坎。

◎　土壤消毒也不是万能的

　　（1）消毒的有效深度为地下 20 厘米　用农药进行土壤消毒时，基本上是药剂遇水气体化并在耕作层内扩展，最后用旋转式的旋耕犁旋耕 20 厘米深左右。用太阳热消毒或用麸皮、米糠进行土壤还原消毒的深度，受处理季节或处理时间影响，一般大棚内为地下 30 厘米，露地为地下 15~20 厘米。麸皮等需要用旋耕机旋耕、搅拌，所以土壤还原消毒的效果局限于这个深度是当然的。

　　引起枯萎病的镰刀菌，平常可以在土壤中比较深的部位生存。寄生植物根的根结线虫也随着根的伸展，有一部分在土壤深层蔓延。土壤消毒后，植物的根伸展开时，受此刺激这些土壤病虫害就开始增殖。由于土壤消毒，线虫等（根结线虫只通过雌成虫就能进行孤雌生殖）的竞争对手或天敌全部被消灭了，反而造成这些病虫害增殖的速度也快了。

（2）太阳热消毒对黑点根腐病无效　黑点根腐病的病原菌会形成子囊壳等耐久性强的形态，能耐高温或干旱这些恶劣的环境。如果对黑点根腐病发生的地块进行太阳热消毒或土壤还原消毒，结果是其他很多的菌也被杀死了，但耐性高的黑点根腐病这样的病菌还生存着，反而成为优势种。因此，对像这样的地块进行太阳热消毒或土壤还原消毒，就可能会出现反效果。

（3）根腐熟之后再消毒　西瓜栽培中，不论是用葫芦作为砧木，还是南瓜作为砧木，主要是存在由南方根结线虫引起的危害问题。根结线虫广泛地寄生于葫芦科、茄科为主的多种作物上，在根上形成许多串珠状的瘤。

在地温为 25℃左右的适温下根结线虫繁殖很快，1 个月左右就能完成 1 个世代。而且，因为 1 头雌成虫能产数百个卵，所以在栽培期间有惊人的繁殖数量。在定植阶段如果不把线虫压到极低密度，在果实膨大、成熟这些重要的时期，根结线虫就会形成严重的危害。

根结线虫孵化的幼虫或成虫寄生于根的内部。作物收获结束，地上部干枯了以后，根结线虫因为营养供给断绝发育就停止了，不过它还可生存 1 个月左右，雌成虫也还能产卵。无论收拾得多么干净，从地下部到根部也无法得到彻底清理。因为 D-D 剂等消毒剂还扩散不到腐熟后残留的根内部，对根内部的线虫就无杀灭效果。待地中残存的根腐熟后再进行土壤处理就会提高防除效果。

另外，线虫的卵耐性强，主要是以卵和老龄幼虫进行越冬，但是 D-D 剂等对卵的防治不怎么彻底，剩下的卵也就会再次成为污染源。因为这些卵在地温达 25℃左右的生长发育适温的环境下大约经 10 天就会孵化，所以瞅准这个时期，收获后放置 1 个月再进行土壤消毒。

因为要等根腐熟和残留下的卵孵化，在作物收获后约 1 个月是用 D-D 剂等处理根结线虫的适期。

◎　土壤消毒后要施用堆肥

土壤消毒的困境就是再污染的问题。虽然好不容易花费大量精力和材料进行了消毒，但效果还是和消毒前一样，有的甚至还比消毒前严重了。

刚消过毒的土壤中，大多数菌类或线虫类被杀死了，生态环境很简单。在这种情况下，以菌类为饵料的线虫恢复很快，但是杂食性的线虫不怎么增殖。利用这个间隙，在前茬的根或消毒不到的深层部周围残留下的根结线虫等就把新栽植的作物作为饵料或栖息场所，暴发性地繁殖起来。

对策是在土壤消毒后施用堆肥。堆肥中含有丰富的微生物，它们几乎都是腐生性的。还有，堆肥本身就能成为腐生性微生物的饵料。施用堆肥后就能把单相化、单纯化的土壤环境恢复到常态。

但是，施用大量堆肥后不能立即进行定植。如果使用了未充分腐熟的有机肥就会产生氨气，并且急剧增加的微生物会吸收无机态氮，阻碍西瓜的生长发育，也会招引种蝇等害虫飞来。把为培肥地力向地块中补充有机物和土壤消毒后土壤生物环境恢复分开考虑，土壤消毒后每 1000 米² 施用堆肥 200~300 千克，还要充分翻动，并且必须使用充分腐熟的有机肥。

◎ 何时进行土壤消毒

西瓜栽培中土壤消毒什么时候实施好呢，可参照前边专栏内的相关叙述。

1 年只栽培 1 茬西瓜的地块，就不用很烦恼。但是，有很多 1 年计划栽培 2 茬的生产者。前茬根的腐熟、土壤消毒作业、毒气的挥发、堆肥的使用、堆肥的腐熟，若这些理想的过程都按步骤走下来，足足需要 2 个月。在选择的时期和处理时间有限的情况下，要想切实提高效果，怎样做才更好呢？

（1）在低温期土壤消毒，要确保到定植有 5 周以上　西瓜半促成栽培的定植时期，虽然根据地域不同而有差异，但一般都在 2~4 月。在这个温度很低的时期用太阳热消毒和土壤还原消毒是没有效果的。就连用氯化苦熏蒸、D-D 剂、棉隆粉粒剂进行熏蒸，气体在土壤中扩散也需要较高的温度。

在地温低的时期，要想得到理想的效果和使毒气散尽也需要时间。在露地等地温为 10℃ 以下的情况下，最好不要进行土壤消毒。地温为 15℃ 以下时，尽管能进行土壤消毒，但使用氯化苦熏蒸、D-D 剂处理后需要覆盖 3 周，也要反复多次认真疏散毒气。还有，要早一点撑上小拱棚和覆盖地膜，提高地温的时间也不能少。这个蓄积热能的时间最短为 2 周，所以从土壤消毒处理到定植至少需要 5 周。地温低，气体在土壤中扩散就慢，若土壤中的气体排不净，还需要更长的时间。

因为毒气没有散尽前不能定植，所以要计算好时间，进行地块准备和开始育苗。

（2）**高温期的土壤消毒可结合太阳热消毒**　太阳热消毒的优点是对药剂扩散不到的根的残渣处，热能也能到达。这个时期用氯化苦熏蒸剂或 D-D 剂处理后 10 天左右就可揭掉覆盖的塑料薄膜。但是，如果希望太阳热消毒也有好的效果，在大棚内需要连续覆盖 20 天，在露地连续覆盖 30 天。如果不耽误后茬定植，还是覆盖的时间长为好。对根结线虫是主要问题，且有零星的黑点根腐病危害的地块，就可用 D-D 剂＋太阳热消毒这种消毒模式。

但是，要想在梅雨期结束前完成土壤消毒，在 7 月上旬就可进行番茄的抑制栽培，或在 8 月上旬播种小拱棚西瓜后茬秋冬收获的胡萝卜，在几乎没有休闲期的种植模式中加上太阳热消毒就很困难。可用扫义林或双霸等土壤熏蒸剂的混合剂（氯化苦、D-D 熏蒸剂）进行处理，但是像前面所讲的那样前茬作物的根因为没有腐熟的时间，所以发生再污染的危险性就很大。在几年中哪怕是 1 年改变一下种植模式，如在大棚中加入 8 月定植的抑制栽培的西瓜，露地中加入 9 月定植的甘蓝等，就可切实地创造能进行土壤消毒的环境。

（町田刚史）

2　施基肥和地块整理

◎　西瓜需要的养分和施肥量

（1）**在生长发育过程中不能缺氮**　西瓜的生长发育期不能缺氮肥，但是要在生长发育的前半期把肥效稍控制一下，在中期果实膨大期最大限度地提高肥效，到末期时使肥效几乎用完，这样来进行设计。

现在的氮肥，有速效性的单肥和把氮肥加工成颗粒的缓效性肥料（肥效缓慢释放），也有把两者配合起来的肥料，建议使用后者。

（2）**用水溶性＋枸溶性的磷，能持续发挥效果**　磷除了作为促进茎叶生长发育的重要成分外，还能促进糖的生成和提高果实的贮藏性。另外，还有防止根腐、顶腐、空洞果等这些生理障碍发生的作用。从这个意义上来说，希望磷肥能持续发挥效果。但是，磷在酸性环境中形成离子被吸收，通常需要栽培土壤的 pH 是 6.0 左右，所以要想磷被分解吸收，就需要一定的时间，若作为追肥施用就赶不上发挥肥效的时间。因此，磷需要作为基肥，比其他肥料更早一点施用，使它成为易分解吸收的状态，而且在初期生长发育时就要使它发挥肥效。为了使它持续发挥效果，在水溶性磷（如过磷酸钙等）的基础上，再与枸溶性磷（碱熔磷肥等）搭配施用。两者配合起来的钙镁磷肥、BM 钙镁磷肥等就可作为基肥施用。

不管怎样，磷作为追肥就不能充分发挥出肥效了（即使是液肥，吸收也很缓慢），所以需要注意。

（3）钾在果实膨大期起着很大的作用　钾除了作为茎叶生长必需的成分外，也对果实的膨大起着重要的作用。在促进健壮的茎叶生长、预防病害方面也起到作用。

因为钾是水溶性的，容易流失，所以除作为基肥施用外，硫酸钾等作为追肥在果实膨大初期施用也很重要。

（4）微量元素通过调节土壤的 pH 获得就很有效　除氮、磷、钾外，在西瓜生长发育中，微量元素也不能缺少（表 4-2）。

表 4-2　西瓜的生长发育必需的养分和各自的效果

作用	氮	磷	钾	钙	镁	硅	硫	锰	硼	铁	铜	锌	钼	钠	氯	锗
促进根的生长发育	◎	◎	◎	◎			○	○	○	◎			○	○		○
促进茎叶健壮	○	◎	○	○	○	○	○	○	○	○	○	○	○	○	○	
防止根腐、顶腐、空洞果		○		◎	○		○	○	◎	○						
提高对病害的抵抗性	◎		○	◎	○	○	○		○	○	○		◎	○		
促进光合作用	◎	○	◎	○	◎	○		◎					○			
促进糖分的制造	○	◎		◎	○	○	○						○			
增加固形物的含量		○	◎			○	◎	○					○			○
增加贮藏性		◎			○	○							○			○

注：◎表示特别需要，○表示需要。

要使西瓜恰到好处地吸收到这些养分，与地块的 pH 有很大的关系。例如，氮、磷、钾、镁等如果土壤 pH 低就难以吸收。反之，磷、硅、铁、铜等在土壤碱性强时就难以吸收。从这个方面考虑，要想使西瓜对所有的养分都能恰到好处地吸收，土壤 pH 只能取中间的数值。

好在西瓜适宜生长发育的土壤 pH 为 5.5~6.0，所以在这个区域进行调整，微量元素就都能适宜地吸收了。

一般来说，铁、铜、溴、镁、氯等微量元素在土壤中自然地存在，除非是西瓜不能吸收的状态，基本不用担心缺素问题。

（5）推荐使用以有机质为主体的肥料设计　根据以上情况进行施肥设计，案例见表 4-3。在施肥前平均 1000 米² 施用堆肥 1~1.5 吨（图 4-2）。如果地块的 pH 在 5.4 以下，施用石灰调整到 5.5~6.0（图 4-3）。用以有机质为主体的肥料设计为好。

表 4-3　西瓜施肥设计案例

肥料名称	成分比例（%）			1000 米² 的施用量 / 千克	平均 1000 米² 的含量 / 千克		
	氮	磷	钾		氮	磷	钾
缓效性为主的有机化肥	4	10	3	200	8	20	6
米糠	3	5	2	90	2.7	4.5	1.8
鱼粉渣	7	7	0.5	70	4.9	4.9	0.35
硫酸钾	0	0	50	20			10
硫酸镁	0	0	0	25			
合计				405	15.6	29.4	18.15

图 4-2　在施肥前 1000 米² 施用堆肥 1~1.5 吨

图 4-3　施用石灰把土壤 pH 调整到 5.5~6.0

基肥的施用时机，是肥料分解到发挥效果的天数在定植前 3 周就可以。追肥也要以同样的天数进行施肥，但是要确实保证能坐果，从西瓜长到棒球那么大时开始追施速效性的肥料。平均 1000 米² 的追肥量为氮钾复合肥（氮 17%、钾 17%）10 千克左右。

膨果快、味道好的西瓜的生长，通过肥料成分缓慢释放并长期发挥效果才会成为可能。施用的肥料种类和施肥时机判断都是很重要的。

◎ 起垄和地膜的铺设方法

对于垄的尺寸，大棚栽培、小拱棚栽培和露地栽培用的垄的尺寸都一样。但是大拱棚栽培用的垄更宽敞，有另外的尺寸。

在起垄时首先要调查土壤水分的状态。干旱状态下，根的伸展差，湿度大时根又容易腐烂。用手攥土，土能成团；松开手，土能轻松地散开，这时的水分状态为适宜。用手使劲攥土，土也很松散、不成团的情况下，浇水或者等下雨再起垄。相反，水分过多，土松散不开的情况下，要等待晴天，使多余的水分蒸发再起垄。

特别要注意，绝对不能急着起垄，在土壤太干旱或过湿的状态就着急地覆盖上地膜。

（1）**大拱棚栽培的起垄和地膜的铺设方法** 考虑到采光，垄要设置成南北方向的，使作物能充分接受光照，排水性好和通气性好也是必要的条件。

大拱棚用的地膜，要选用透明的或绿色的。虽然确保地温是透明地膜的优点，但是它无法防治在作物生长过程中长出的杂草。虽然使用绿色地膜的地温比使用透明地膜的低1~2℃，但是因为它有抑制杂草生长的效果，所以可起到一石二鸟的作用。

垄宽210厘米、高25厘米，垄长根据地块的长度而定（图4-4），可按照以下的顺序操作。

①把垄的两端掘起来，然后在垄两侧挖纵沟。在垄两侧各留下15厘米左右准备把地膜埋入土中，用宽270厘米的地膜覆盖垄面，然后埋住地膜的两侧。先把地膜的一端部埋入垄端部沟内，填上土后用脚踩结实。另一端也要将地膜拽紧后埋入沟内并填土，用脚踩结实。把两端埋好后，把地膜向两侧拉紧，把两侧都用土埋住，埋两侧时先隔几米用土埋住，最后再用土细致地把两侧沿沟埋结实，这样地膜就铺设完成了。

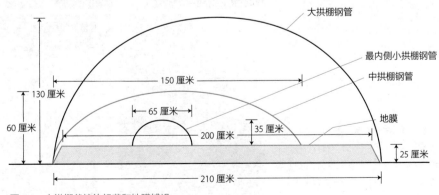

图4-4 大拱棚栽培的起垄和地膜铺设

②在垄上铺好地膜后，盖上宽 100 厘米的无纺布，再建造两端垂着固定器的内小拱棚。

③接下来覆盖上宽 230 厘米、厚 0.75 毫米的透明塑料薄膜，再建造两头、两侧垂着固定器的中拱棚，最后覆盖上宽 430 厘米、厚 0.75 毫米的透明塑料薄膜，把两端埋住，再建造两侧垂着固定用细绳（俗称背带）的大拱棚（图 4-5）。

图 4-5　大拱棚的构造和覆盖情况
左图是最内侧小拱棚、中拱棚、大拱棚的三重构造。右图是覆盖上塑料薄膜的状态

因为是在早春风大的时期栽培，所以要防止塑料薄膜被风吹跑，把背带牢固地拉紧系好（图 4-6）。

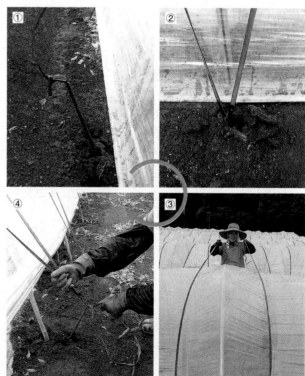

图 4-6　大拱棚固定用细绳的拉紧顺序
把背带系在钩形的铁桩上（①），铁桩以倾斜 40 度的角度牢固地埋入土中（②）。拽着 2 根背带拉向拱棚的另一侧（③），拉紧后把背带系在埋入地中的钩形铁桩上（④）

（2）**小拱棚栽培的起垄和地膜的铺设方法**　垄的方向、土质要求和大拱棚一样。虽然地膜和大拱棚一样使用透明或者绿色的地膜，但在寒冷地区也有使用黑色地膜的。起垄的要领也和大拱棚相同，但尺寸见图 4-7。固定塑料薄膜的细绳的拉紧方法，也不像大拱棚那样每 2 根钢管中间就拉 1 根背带，而是不剪断背带，连着在覆盖小拱棚的塑料薄膜上斜着交叉状拉紧，然后再固定住（图 4-8）。

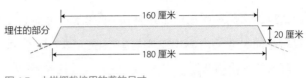

图 4-7　小拱棚栽培用的垄的尺寸

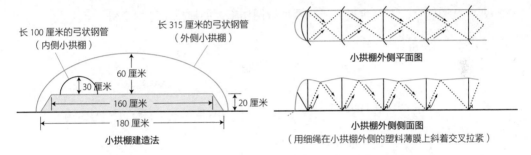

图 4-8　小拱棚栽培的起垄和地膜铺设

具体操作步骤如下：

① 在起垄前，用大型旋耕机旋耕至深 25~30 厘米，疏松土壤。

② 用起垄机做成宽 180 厘米、高 20 厘米、长为地块长度的垄。

③ 在垄（垄面）的周围挖出埋塑料薄膜的沟。

④ 把宽 230 厘米、厚 0.3 毫米的塑料地膜的一边埋住约 15 厘米，覆盖在垄面上。

⑤ 在垄的一端把塑料薄膜用土埋入沟内，并用脚踩结实。

⑥ 把塑料薄膜用力拉到另一端，拉紧后埋入土中，用脚踩结实后，把多余的塑料薄膜切下来即可。

⑦ 然后把塑料薄膜的两侧向两侧拽紧并埋入沟内，先隔几米压上一堆土，暂时固定。

⑧ 最后沿着纵沟依次埋土，并用脚踩结实，地膜就覆盖完了。

起垄完成并覆盖好地膜后，就可建造定植初期防寒用的内侧小拱棚，盖上无纺布，用夹子固定。然后，插上外侧小拱棚用的钢管，覆盖上宽 270 厘米、厚 0.75 毫米的透明塑料薄膜，再在塑料薄膜上面用细绳斜着交叉状地拉紧压实并进行固定。

除此之外，露地栽培同小拱棚栽培一样可使用透明或绿色的地膜。垄和地膜的尺寸也一样。地膜的覆盖要领也可参照小拱棚栽培。

还有，大棚栽培起垄的尺寸，与前面讲的小拱棚栽培相同即可。大棚一般宽 540 厘米，里面两侧和中央的走道各留 60 厘米，里面起 2 个宽 180 厘米的垄。设置与小拱棚栽培相同尺寸的内侧小拱棚与中拱棚（图 4-9）。固定用的细绳可使用背带，铺设的方法可参照大拱棚栽培。

还有，以上是手工作业的起垄和地膜铺设的顺序，近年来还出现了旋耕机、起垄机及铺地膜一体化的成组配套设备，由拖拉机牵引，可进行一次性铺好地膜的高效率机械化作业。这种场合，不能耕得太浅，要尽量用功率大的拖拉机进行牵引。

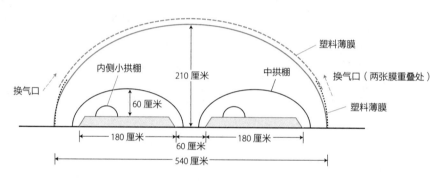

图 4-9　大棚栽培中内侧小拱棚与中拱棚的设置

3 定植的实际操作

◎ 种植模式和栽培株数

（1）**大棚栽培**　即所谓的早春就收获的栽培，根据栽培地不同虽然多少有差异，但一般都在 11 月上旬播种，12 月下旬定植，第 2 年 4 月中旬 ~5 月上旬就迎来收获期（促成栽培和半促成栽培）。

这种栽培的大半时间或前半部时间处于低温、少光照的时期。为了促进光合作用，要使叶片不重叠，蔓的间距（整枝的蔓与蔓之间）为 25~30 厘米。因此在定植密度上，留 4 根蔓时株距为 100~120 厘米，留 3 根蔓时株距为 75~90 厘米，留 2 根蔓时株距为 50~60 厘米。

（2）**大拱棚栽培**　通常在 1 月播种，3 月上中旬定植，5 月下旬 ~6 月下旬收获（半促成栽培和早熟栽培）。

因为是从寒冷时期开始栽培，也要避免密植，这点与大棚栽培相同，留 4 根蔓时株距为 70 厘米左右。平均 1000 米^2 栽 600 株左右（垄宽 1.5 米，走道宽 0.9 米，以下也相同）。

（3）**小拱棚栽培**　在日本关东地区，2 月中旬播种，3 月下旬定植，6 月中下旬收获。在日本东北地区和高冷地区，普遍采用 3 月上旬播种、4 月下旬定植、8 月收获的种植模式（早熟栽培）。

栽培期间正值气温上升期，光照充足，茎叶长得也健壮，所以蔓与蔓之间可近一点，保持在 16~17 厘米。留 4 根蔓时，株距为 64~68 厘米，1000 米^2 内可栽 590~630 株。

（4）**露地栽培**　现在成为家庭菜园专用的种植模式。在日本关东地区，一般 3 月中旬播种，5 月上旬定植，收获期为 7 月中下旬。株距一般是 66~72 厘米，留 4 根蔓（蔓与蔓的间距为 17~18 厘米）。

8 月至初秋收获型指的是通常称为夏收栽培的种植模式，即 6 月中旬播种，7 月中旬定植，收获期为 8 月下旬 ~9 月上旬。

采用这种种植模式，无论是气温还是光照，对于西瓜的生长发育都很适合。以日本千叶县为主产地的连作、自根栽培，利用前茬的西瓜垄面进行栽培，因为是在夏季光照强的时期栽培，所以为了不伤根而使其早缓苗，用播种后 20 天、真叶展开 2~2.5 片的幼苗定植。定植密度和前面讲的普通夏收栽培一样，蔓与蔓之间间隔 17~18 厘米，留 4 根蔓时株距为 68 厘米，平均 1000 米^2 栽 617 株；如果株距为 72 厘米，1000 米^2 可栽 583 株。

◎ 从光照和作业方便来考虑定植位置

从晚秋到早春的寒冷时期，在覆盖地膜的垄面上，从南侧向里约 20 厘米处进行定植。垄肩斜面和垄上面由于有光照，更温暖，所以对根的缓苗成活和初期生长发育的促进有很大的作用。

与此相反，夏季地膜下很热，温度高到有时手都不能伸入的程度。夏收栽培必须在这个时期定植，虽然较困难，但是作为对策，首先是把定植位置从垄的侧面向里 50~60 厘米处变动，同时以定植位置连成的线为中心向两侧共计 60 厘米宽，把稍浓的熟石灰液沿着垄带状地洒到地膜的表面，然后晾干（图 4-10）。还有，在定植日，只把苗放在底部能吸水的塑料箱中，浸在水中，使钵苗从底部充分吸水后控一下水再定植。由于熟石灰对太阳热的反射效果和苗的吸水效果，可使地温下降几摄氏度，有助于缓苗成活。

夏收栽培定植时从垄边向中心处栽植

怎么样？很凉快吧！

谢谢！

把熟石灰溶于水中，浇于 60 厘米宽的垄内

定植位置在从垄的侧面向里 50~60 厘米的内侧处

图 4-10　夏收栽培的定植位置

◎ 定植时机的判断

嫁接完成后，就要精心管理，以促进苗的顺利生长和判断定植的时机。

定植的苗龄因种植模式不同而有差异。若在春季定植，在嫁接后 45~50 天、真叶有 3.5~5 片展开或长成稍大的苗时定植。这样的苗，因所需的 20 节处出现的第 3 朵花已完成了花芽分化，所以定植后的管理就比较容易。

另外，在夏季定植的种植模式，因为气温很高，苗要忍耐地温的上升，缓苗成活快，并且根必须要很快地伸展到容易生长发育的 20 厘米以下的土壤深层。为了实现这个目标，要栽有 2~2.5 片真叶展开、根伸长快的幼苗（播种后约 20 天）。因为这种苗的第 3 朵花的花芽还没有充分地分化，所以育苗过程中就不能在极端高温下管理，也不能在定植后无昼夜温差，还不能施用过多氮肥。定植嫁接苗的情况下也基本是定植幼苗，要防止对花芽分化有影响的高温，或生长发育初期氮肥过多。

11 月播种、12 月定植的越冬栽培因为也是在地温低、短日照的时期定植，所以为了促使根尽快地伸展，促进植株生长发育，还是要定植展开 2~2.5 片真叶的幼苗。定植后，也要同样努力地确保地温和光照。

夏季定植或初冬定植的幼苗小，就不能对主蔓进行摘心，而春季时定植的是稍大的苗，可对主蔓生长点进行摘心。如果在定植前摘心，定植后的管理就能省力，侧芽伸展也快。夏季定植或冬季定植的幼苗，定植后真叶展开 7~8 片时再进行摘心。

◎ 定植方法

首先，在定植前把苗放到浸泡容器（塑料箱）中，倒入水，使钵苗从底部吸水，然后再控一下水。

因为西瓜的根是好气性的，特别需要氧气，所以要尽量浅栽（图 4-11）。如果栽得过深，就容易造成根部湿度大，而浅栽有防止苗立枯病病原菌等侵染引起胚轴腐烂的效果。

在春季到初夏定植或初冬定植的情况下一定要遵守这个基本原则：把地膜用刀割开 10 厘米左右，使胚轴末端生根的部分在地表下 3~4 厘米的深度，放入穴内进行栽植。然后覆上表土，轻轻按压一下，再在植株基部的地膜上覆盖一层薄土即可（图 4-12）。

在夏季定植的情况下，因为地温上升得很快，所以如前所述的先在地膜上洒上熟石灰液，尽量把地温降低，同时使待定植的苗充分吸水，把钵土的温度降低后再定植。对于定植的深度，根的生根位置在垄面以下 4~5 厘米或略深一点即可，不要太深，然后覆上表土，再轻轻按压一下。最后在植株周围半径约 12 厘米处的地膜上覆上稍厚一点

图 4-11　因为西瓜的根是好气性的，所以不能栽深了

图 4-12　早春定植时要特别注意，一定要浅栽

的土，并轻轻压一下，防止地膜被风吹起和水分蒸发，还可提高地温。

风很大时，定植苗被大风刮得来回摇摆，茎叶上下飘动，为防止茎叶受到伤害，可顺着风吹的方向把胚轴斜着栽植。

刚定植后，为防止小地老虎、黄地老虎、甘蓝夜蛾等害虫咬断胚轴，不要忘记在植株基部周围撒上忌避剂或杀虫剂。

（中山 淳）

◎ 通过密闭和遮光促进缓苗

采用温室半促成栽培或小拱棚早熟栽培时，在定植后 1 周左右进行密闭管理是基本的要求，并且要覆盖纸帐篷或无纺布等，用来遮光和保温（图 4-13）。

为了防止苗萎蔫，遮光率以 50% 左右为宜，即从外面看不见叶片的程度为好。由于密闭管理的温度高，在易促进成活的同时，雌花的着生会因为温度高而被抑制，在换气开始后才期待雌花着生整齐的效果。如果是晴天，小拱棚内的温度很轻松地就能超过 40℃，但是棚内环境像桑拿浴室一样，因为能保证湿度，所以不易发生叶片被灼伤的情况。

虽然进行了密闭管理，可是如果因为中午很热就突然进行换气，或者掀起乙烯塑料薄膜

图 4-13　覆盖纸帐篷，兼有遮光和保温功能

的底部放进干风，湿度就会急剧下降，反而会引起叶片萎蔫，有的会发生急剧的叶片灼伤。对于不合适季节的强光照，在小拱棚上面再用寒冷纱等进行遮光是很有效的。

因为定植后的这种密闭管理伴随着遮光，不能拖拖拉拉持续很长时间，等到进行换气也不会造成中午叶片萎蔫了时，就立即停止密闭，以确保苗的生长发育。在定植前如果充分保证了地温和土壤水分，则定植后密闭 5 天为宜。

在开始换气时，白天严禁把纸帐篷等遮光材料除去。除去作业可在傍晚进行，如果第 2 天是阴天，就不用再次罩上遮光材料，若是晴天就要罩上，必须保证初期的生长发育顺利进行。

（町田刚史）

第 5 章

收获前的
管理

1 蔓的管理

◎ 确定留蔓数的方法

代表茎叶发达程度的展开叶片的数量等要素和果实的膨大、成熟关系密切。基本上是展开的叶片数量越多，西瓜的果实越大，也越甜。但是若平均1个果实对应的展开叶片数量过剩，到收获之前果实膨大过快，也会出现空洞果或果实畸形等。在西瓜切开销售和装盒销售流行的现在，即使出现稍微有些空洞的果实也是不被允许的。茎叶的发达程度和果实膨大之间的平衡就显得更加重要。

对于大型西瓜，平均1个西瓜需健全的展开叶片数量为90~100片（表5-1）。为了在适宜的叶片数量范围内进行调整，就需要把握住在1株上留几根蔓坐几个果的整枝方法。大型西瓜一般留4根蔓坐2个果，也有留3根蔓坐1个果的，还有留2根蔓坐1个果的。小型西瓜因为坐果负担比大型西瓜小，所以有留5根蔓坐3个果、留5根蔓坐4个果、留4根蔓坐3个果和留3根蔓坐2个果的栽培方式。

表5-1 西瓜果实的展开叶片数量、果重和糖度

供试品种	果实膨大期每个果实的展开叶片数量 / 片	果重 / 千克	糖度（%）	
			中心	种子周围
甘泉	56	5.5	9.0	7.8
	77	6.6	10.7	9.1
	97	6.7	11.2	10.4
缟王大果 RE	39	6.4	9.7	8.9
	80	6.9	11.4	10.2
	104	7.4	11.6	10.4

接下来，株距根据留蔓数来决定。确保大型西瓜平均留1根蔓的间距为18~20厘米。即如果大型西瓜留4根蔓坐2个果，就需要株距为72~80厘米。从平衡经济性来

考虑，比这个株距再大一点也没有问题，但是如果株距小了，就很难作业，病虫害的发生增加，叶片互相重叠，坐果和果实的膨大也变差。

◎ 子蔓栽培的意义

西瓜的腋芽发达、生长旺盛，从各节上都可发生。如果不摘芽，而是放任不管，母蔓、子蔓、孙蔓会伸展得乱七八糟，就不能收获到商品性高的西瓜果实。因此，决定以主蔓为本线的蔓，原则上需摘掉从主蔓上发出的腋芽。

对于这些主蔓，利用子蔓是通常的做法。在促成栽培等模式中有的也把母蔓作为主蔓来使用，但是这种情况下，从母蔓的下位第2、第3节上发出的较强的子蔓也作为主蔓。如果这样，虽然不像人类的母子差别那样大，但各蔓的生长发育和雌花的质量就参差不齐了。

主蔓生长一致，使雌花的着生位置一致，授粉日也一致，整齐的省力化栽培就成为可能。第1步，使子蔓的发生整齐一致，培育整齐一致的主蔓。

为了使子蔓生长整齐一致，在苗床上就对母蔓进行摘心，栽植腋芽发生旺盛的展开4~4.5片真叶的幼苗（图5-1）。还有，使子蔓生长整齐一致也意味着为了促使植株生长，从刚定植之后就要充分地确保地温。

对于在7~8月高温期定植的抑制栽培，就定植展开1片真叶以下的幼苗，在地块中培育到展开4~5片叶之后进行摘心，就能培育出整齐一致的子蔓（图5-2）。

图 5-1　由于育苗天数不同，苗的生长发育有差别
从左向右分别是嫁接后 15 天、28 天、38 天的苗。处于主蔓摘心适期的是中间嫁接后 28 天的苗

图 5-2　抑制栽培的摘心适期
在地块中长到展开 4~5 片叶时进行摘心

◎ 整枝作业

（1）**确定主蔓**　整枝作业是从确定留下哪些蔓作为主蔓开始的。如果是留 4 根蔓坐 2 个果，就把作为主蔓的 4 根子蔓留下，其余的从基部用手摘除。作业适期是子蔓伸长 到 30~40 厘米时，一般半促成栽培、小拱棚早熟栽培是在定植后 15~20 天，抑制栽培 是在母蔓摘心后 1 周左右。这之后的蔓伸展急速加快，很快就和相邻的植株重合，所以 不要错过了时机。

第 1 次整枝作业的重点是确保发出整齐一致的子蔓，如果有 5 根子蔓要留 4 根时就 把其中 1 根明显长得长或长得短的子蔓果断地摘掉。子叶节或真叶第 1 节的子蔓容易长 得畸形，生长发育也不整齐，所以要尽量去除。还有，在小拱棚栽培时，子蔓被风吹得 摇摆，容易生长畸形，一定要把上风处的乙烯塑料薄膜底部严实密闭，最好用 U 形铁 丝等插到地里，把蔓固定住。

（2）**摘芽和引缚**　确定主蔓后 5~7 天，伸展的蔓的顶端就碰到小拱棚的塑料薄膜 或相邻的植株，这时就需要进行摘芽或引缚固定。

摘芽就是把从子蔓的腋芽上发出的孙蔓趁小时摘除。把已经展开的或未展开的叶片 的腋芽（孙蔓）在很小时就全部去除，在以后进行整枝作业中就不需要再确认下位节前 腋芽的有无了。引缚固定时，如图 5-3 那样把子蔓向相同的方向盘绕，然后用 U 形铁丝 插入地中固定，使蔓的尖端都在植株基部这一条直线上。此时不能使植株基部侧面的茎 叶超出垄面。

（3）**要使第 3 朵花坐果，就把第 2 朵花都盘绕到各株基部的同一条直线上**　再过 5~7 天，就会发现 5~7 节尖端的第 2 朵花，在长 50~70 厘米的蔓的尖端着生着。因为

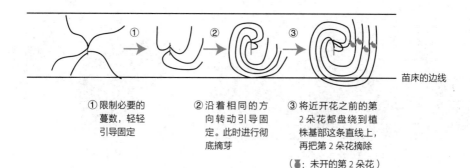

图 5-3　把子蔓沿着相同的方向盘绕并固定

需要把这第 3 朵花放在垄面内，所以需要拖动盘绕的蔓，将第 2 朵花整齐地摆在离蔓尖端侧的垄边尚有 70 厘米以上的这条线上（图 5-3 ③）。根据垄面宽度的不同，植株基部侧面的茎叶也有超出垄面的情况，但是尽可能地使蔓尖端不超出垄面，都在垄内生长。

这时的整枝作业也是去除腋芽。虽然去除的腋芽最终要接近坐果节，但是若此时硬要去除坐果节附近的腋芽，对于伸展晚的蔓，因为要掀起未展开的叶片等，就很耗费作业时间。去除坐果节附近的腋芽，也可结合着确认雌花开花或确认坐果进行。

（4）及早整枝可省力、减轻植株负担　整枝作业隔几天进行一次为好呢？小拱棚早熟栽培的整枝时期可能遇上因下雨或大风而不能放风换气的情况，也可能遇上插秧等春季的农忙期，作业就容易被延迟。有其他作物需上市销售时，就不得不优先销售其他作物，还有整枝作业要蹲着进行，腰酸腿疼都干不完，没办法完成的作业就被延到了第 2 天。

表 5-2 展示了在确定哪几根蔓作为主蔓和最初的整枝定蔓后，变换整枝作业的间隔时间时作业时间的差别。

表 5-2　不同作业间隔时 1000 米 ^{2} 的整枝作业时间　　　　（单位：小时）

整枝次数	整枝作业					小拱棚开闭作业	总计
	定蔓	5 天后	10 天后	15 天后	小计		
4 次	8	11	8	13	40	4.7（4 次）	45
3 次	8		26	14	48	3.4（3 次）	51
2 次	8			55	63	2.3（2 次）	65

如表 5-2 所示，把整枝作业分 4 次完成，每次间隔 5 天的情况下，1000 米 ^{2} 的整枝作业需 40 小时，即使是加上增加的小拱棚开关作业时间，也只需 45 小时。与这个时间相比，定蔓后放任 10 天再整枝，共进行 3 次整枝时，需 48 小时；放任 15 天，进行 2 次整枝时，需要 63 小时。特别需要注意的是，任其生长 10 天后需要的作业时间为 26 小时，任其生长 15 天后就变成了 55 小时。

任其生长几天后，蔓与蔓之间相互交叉，招致孙蔓和卷须相互缠绕，1000 米 ^{2} 的整枝作业花 1 天也做不完。

如果是在有限的面积进行一茬栽培，也许能想办法把长得杂乱无章的蔓整理完。但是对于大面积栽培，1 年栽培 2 茬作物的西瓜经营来说，上茬作业晚了就会导致下茬作物栽培推迟。再加上还可能有因几天连续下雨而不能作业的情况，因此早一些进行整枝作业是非常关键的。

◎ 整枝时严禁扭转和用力压倒

（1）整枝水平的高低一目了然　西瓜整枝水平高还是低，一看作业成果就很明白。看一下刚整枝之后的植株，如果是所有的叶片正面朝上，就说明整枝水平高；如果看到有很多叶片背面朝上，就说明整枝水平低（图5-4）。

看到叶片背面朝上，就证明蔓在某一个地方扭转了。如果蔓扭转了，遇到阴天或根据蔓的位置不同有可能就会折断。在叶片水分蒸发量少的阴雨天或早晨等时期，因为蔓中、叶片中含有充足的水分，所以更易折断。

折断对西瓜来说就是很大的损伤。西瓜受伤后伤口处易感染蔓枯病病原菌等杂菌。而背面向上的叶片为了接受光照，经过2天会扭转成叶片正面朝上，不要认为这样没有什么问题，叶片正过来会消耗西瓜植株很大的能量，植株长势就会大大降低。实际上，担心植株长势太旺不坐果时，干脆扭一下蔓，用这种方式稳定植株长势。

进一步来说，西瓜的蔓尖端像蛇一样扬起，如果硬是把蔓尖端压倒，很快就会与相邻植株碰撞缠绕，整枝作业就更加困难了。如果压倒扭转蔓尖端，第2天早上去地里看时，卷须就缠绕到相邻的蔓上了。扭转蔓或用力压倒蔓尖端，在整枝时是绝对不能做的。

（2）整枝时不要把蔓提起来　要想高水平地整枝，在作业时就不要把蔓提起来，而是拖动着向前挪动。如果不将蔓提起来，就是想扭蔓也扭不动。如果不小心翻转了蔓，叶片背面朝上了，需立即翻转回来。

还有，在蔓和叶片易折的阴天或早

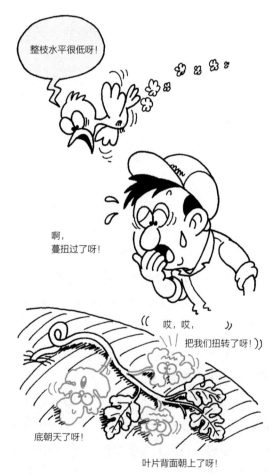

图 5-4　整枝水平的高低一目了然

晨，最好不要进行整枝作业，如果因为时间紧非做不可，更要注意不能翻蔓和用力压蔓。

◎ 植株长势的判断和管理方法

在西瓜栽培中需要判断植株长势，主要是在坐果前的阶段。

如第 18 页记述的那样，坐果以后养分主要集中到果实中使用。正因如此，坐果以后即使是想追肥、浇水来恢复植株长势和茎叶的生长发育也几乎没有效果，使劲施肥、浇水，促进生长，植株长势也可能会越来越弱。

必须确保在坐果前调整好植株长势。反过来说，有了适宜的植株长势后才能开始授粉。

（1）根据蔓的尖端判断植株长势　坐果前的植株长势，可综合以下几个要素，包括每天植株的变化进行判断。

最容易鉴别而且重要的方法是看蔓尖端的样子。从蔓尖端 10~15 厘米处向上弯曲扬起时是适合的状态（图 5-5），这时进行授粉就可以了。但是，若蔓的尖端还紧贴着地膜，说明植株长势还太弱了，可在进行追肥、浇水的同时，推迟到下一朵雌花再进行授粉。

图 5-5　扬起的蔓尖端
从蔓尖端 10~15 厘米处弯曲扬起，就是合适的状态，可立即进行授粉

相反，从蔓尖端 20 厘米以上处扬起，蔓尖端呈完全向上的状态时，植株长势就太强了。若天气不好，坐果就很辛苦。这时，在授粉开始前 2~3 天，在拖蔓的同时进行去除腋芽作业，一直去除到蔓尖端附近，使垄面这边的叶片稍微重合，植株长势就稳定下来了。

还有，因为西瓜在土壤略微干旱时坐果好，所以要控制浇水。但坐果后土壤继续干旱，初期的膨大就差，植株长势就越来越强，所以在坐果前后需要改变管理方法。

（2）以雌花的开花位置判断植株长势　以雌花的开花位置也很容易判断植株长势。若离蔓尖端 30~40 厘米处雌花开花，就是适合坐果的植株长势。在离蔓尖端很近的地方开花，植株长势就很弱，就没有希望收获 2L 级别的大果。相反，若在离蔓尖端很远的 60 厘米处开花，就成为徒长的状态，说明茎叶的发达程度超过了花的发达程度（图 5-6）。

用雌花和雄花的大小、蔓的粗细、去除腋芽的
情况、全体叶片的大小等要素也能判断植株长势。
因为品种、种植模式、蔓数和目标坐果数等不同，
所以这些要素虽然不能作为一般性的判断指标，但
是若感觉它们和往年不同，就应该考虑一下是哪一
个环节出了问题。

**（3）在确保温度、湿度的同时通过换气管理来
预防病害**　在开始换气初期，要长时间地保持小拱
棚内的温度，白天为30℃、夜间为15℃以上。如果
是不能充分确保夜温的时期，白天的温度要稍高一
点，在35℃左右进行管理（图5-7）。

地域不同，换气方法多少也有差异。不过像在
3月中旬以前定植的小拱棚栽培中，在1层乙烯塑
料薄膜保温不足的时期，就用2层塑料薄膜，2层塑料薄膜的换气方法见图5-8。先把
内侧小拱棚蔓尖端一侧打开，然后再根据温度上升情况打开外侧小拱棚的植株基部一

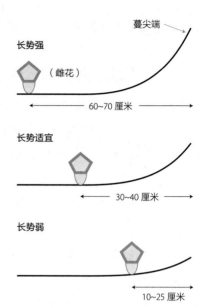

图5-6　以雌花的开花位置来判断植株长势

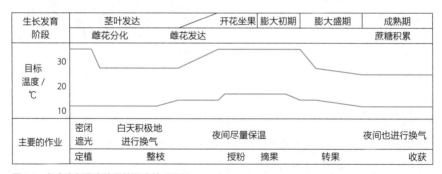

图5-7　各个生长发育阶段的温度管理目标

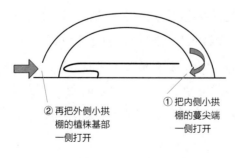

图5-8　双层小拱棚的
换气方法（模式图）

侧。再进一步，把内、外小拱棚的换气位置交换一下，不要使冷且干燥的风直吹植株。

但是，有意识的长期保温，茎叶就生长软弱，坐果差，而且病害发生也多。应逐渐增加白天的换气量，从换气开始 1 周后只要是没有降雪那样的寒冷天气，即使是在阴天（对小拱棚），或是在雨天（对大拱棚），也要把棚的侧面稍敞开一点进行换气（图5-9）。如果能确保夜间在 12℃以上，就在下风侧稍微进行换气。从此时到授粉开始要经常进行换气，以把茎叶培育健壮作为努力的目标。

进行低温调控管理时，叶身立着呈稍微有点向上卷曲的形状。叶身向上立着接近垂直的状态时，说明低温管理过度了；但是如果叶身比水平还低，就说明保温过度；叶身比水平稍微向上立着一点为正适宜。特别是在稍微阴天时进

图 5-9　小拱棚换气
只要不下雪就进行换气，培育健壮的茎叶

行密闭管理，尽管光照不足，但还能确保温度，就易长成软弱徒长的状态。

另外，虽然被强风吹不好，但是晴天时尽量在棚两边进行换气，使通风顺畅，若每次整枝时用 U 形铁丝把蔓压住，小风时就吹不动，不会对生长发育产生坏的影响，下次的整枝作业也就简单了。

（4）**要避免蔓尖端处于低温中**　授粉前蔓尖端的生长点、使其坐果的雌花或授粉用的雄花，以及坐果后成为主力的叶片，在西瓜生长方面都起着很关键的作用。这些重要的部分如果被寒风或霜损伤了，对坐果和果实膨大的影响就很大。预料到有寒流时，为了不使蔓尖端受冷害，要把蔓拖到植株基部。如果遭遇极端低温，就会长成似梳子状，叶片的展开停滞，发生障碍的蔓尖端只有很多雄花的蕾。要想使蔓再度伸展，恢复植株长势，就需 1 周以上的时间。

另外，由于晚霜等引起主蔓的生长点生长停滞时，用软管浇水、追肥，或者在走道部分稍微追肥，以促进腋芽的伸展。1000 米^{2}可用硝酸铵等追氮肥 1~2 千克。

如果坐果前主蔓停止生长，就大胆地把蔓拖回来，改用生长优良的腋芽作为主蔓继续进行栽培。但是，坐果前小拱棚内的主蔓停止生长时，就要重新考虑在这个栽培时期覆盖的层数是否合适、小拱棚的面积是否够大等。

2 坐果管理和果实膨大期管理

◎ 雌花的着生和花粉的育性

（1）**使第 3~4 朵花坐果**　嫁接西瓜的子蔓，在第 8 节前后着生最初的雌花。把这朵雌花叫作第 1 朵花，如果不注意看就很容易忽略了这朵小花，第 1 朵花容易被温度或营养条件这些环境因素左右，一般不用它来坐果。之后每隔 5~6 节就着生雌花，把它们分别叫作第 2、第 3、第 4 朵花。在第 2 朵花上坐的果实很容易长成像南瓜一样的扁平瓜，果皮厚，长成空洞果的也有很多。如果是第 5 朵花，长 3 米多的子蔓很难管理，植株长势易变强，容易长出纵长形的果实。为了生长发育顺利，则在第 3~4 朵花坐果为宜，第 3 朵着生在 8 节 +5~6 节 +5~6 节处，即 18 节前后，第 4 朵花则再向尖端部后移 5~6 节处着生。

（2）**开花前几天的光照决定着是否有充实的雌花**　为了使适合坐果的充实的雌花开花，茎叶充分发达是前提，因此开花前几天的光照是非常重要的。

西瓜的雌花和雄花的花原基（生长点刚形成之后的花）最初是相同的，所以在雌花上还残留着雄蕊的痕迹，在雄花上也残留着雌蕊的痕迹。花长到一定程度之后，随着雌蕊的发达，雄蕊的生长就被抑制，最后成为完全的雌花。开花前几天的光照不足时，雌蕊的生长差变，就容易形成兼具有雄蕊的雌花，这种被称为两性花的花虽然容易坐果，但是果脐（花痕部）很大，从这个地方易裂果。

更进一步，光照更加不足就成为雌蕊的一部分或全部缺损的雌花。这时就不得不放弃在这一节坐果。对这种情况要及早判断，把蔓拖回重新努力，再次准备并获得充实的雌花开花是上策（表 5-3）。

（3）**雄花的充实度与开花前至当天的光照和气温有很大的关系**　雄花的充实、开花，受开花前到当天的光照和气温的影响很大。

若从前一天晚上到当天早上低温，开药（花粉从雄蕊中出来）就迟，花粉的育性也很低。在坐果期努力保证最低夜温在 12℃以上，如果不能确保充分的夜温，就要把白天的温度提高到 35℃进行管理。如果预料到授粉前夜低温，在前一天的傍晚采集第 2 天将要开的能看到花瓣稍显黄色的雄花并放入聚乙烯塑料袋中，在 20℃左右的条件下保温，准备使用。这个时候，如果夜间不放在黑暗的屋里，雄花就不开花。

表 5-3 对西瓜的开花、坐果影响大的环境因素和改善方法

项目		影响大的环境因素	改善方法
花的充实	雄花	授粉前 1 天的光照	贮藏花粉的利用，用生长调节剂促进坐果
	雌花	授粉前几天的光照	坐果节位向下延
开花、坐果	雄花	授粉当天的气温（开药），授粉前夜的气温（花粉的育性）	预料到有低温时，在授粉前 1 天的傍晚，采集雄花，进行保温
	雌花	授粉以后的气温（花粉管伸长、受精）	努力保温达到 30~35℃
开花数	雌花	子蔓展开 2~3 片叶时的光照	定植后的遮光在 1 周内就结束

还有，在小拱棚栽培这样坐果不稳定的种植模式中，最好用在低温下也能开药和花粉育性好的采集花粉用的品种SA-75，在大棚的一角栽培，专门用于授粉（图 5-10）。

◎ **确定授粉开始的方法**

（1）**不论什么情况都用第 3~4 朵花坐果是错误的** 坐果的雌花，用第 3、第 4 朵花进行授粉是最合适的。但是，这是以正常生长发育为前提的。并不是千篇一律地用第 3、第 4 朵花为最好（图 5-11）。

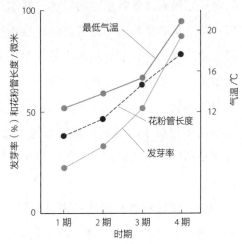

1 期：5 月 17 日~5 月 26 日 2 期：5 月 27 日~6 月 5 日
3 期：6 月 6 日~6 月 15 日 4 期：6 月 16 日~6 月 28 日

图 5-10 花粉各个时期的发芽率及花粉管长度（仓田）

无论在低温、少光照受应激反应的条件下栽培，还是在适温有充分光照的条件下栽培，西瓜的叶片数量没有多大差别。不过，每片叶的大小、厚度、叶柄和叶身的长度等会有显著的差别。植株长势弱时叶小、叶片薄，叶柄、叶身很短，成为很弱的叶。而且，植株长势越弱，就会从营养生长偏向生殖生长，所以雌花的着生、坐果变好了。遗憾的是，受应激反应影响，即使是想使茎叶弱的第 3、第 4 朵花坐果，也得不到大的果实和好的果实品质。并且，由于强烈的坐果负担使植株衰弱，将近收获时，就连植株萎蔫死亡的危险也会大大增加。

因此，用第 3、第 4 朵花坐果只是最理想的目标，观察植株长势进行授粉，能坐住大果、好果是先决条件。

前面讲述的观察蔓尖端的样子、雌花的开花位置、叶片的大小等条件来判断植株长势，再确定授粉时期。如果管理成适宜的植株长势，给第 5、第 6 朵花授粉也没关系。

实际上，植株长势弱的情况下就迎来了第 3 朵花，因天气条件变化也是难以避免的。这时不能急着授粉坐果，等待合适的时期才是高水平栽培者的做法。特别是以让第 3 朵花授粉为中心考虑时，授粉从第 2 朵花开始，一部分植株容易在第 3 朵花坐果。如果天气好、种植条件好，收获就没有问题，但是要收获到以 2L 为主的大果实就很难了。并且根部病害发生时，首先萎蔫死亡的就是这些在低节位坐果的植株。

图 5-11 不是什么时候都用第 3~4 朵花坐果

（2）到授粉时要把病虫害防治好 还有一点，在授粉时就要提前把病虫害防治好，这是必要的条件。若从授粉到幼果期喷洒农药，就对蜜蜂的影响很大，还会引起坐果不良，果皮也易发生药害。但是，这 2~3 周不喷药，空白时间也很长，授粉开始后发现病虫害该如何做呢？在考虑的过程中，无法挽回的危害就扩展开了。特别是蔓延、繁殖迅速的白粉病、叶螨类、蚜虫类这些病虫害在授粉适期就必须提前防治好。

◎ 蜜蜂授粉的注意事项

蜜蜂等能访花授粉的昆虫在全世界农业生产中都有应用，是农作物生产中不可缺少的部分。日本西瓜栽培中的蜜蜂授粉作业也是划时代的省力技术。只是，近年来伴随着传染病的发生、蜂王进口的限制及原因不明的蜜蜂大量失踪现象时有发生，蜜蜂的获取环境不容乐观。

（1）必要时也要配合进行人工授粉 在西瓜栽培中，一个利用蜜蜂时的问题是访花昆虫旺盛活动的温度在 20~25℃这个狭窄的范围内。

在比这温度还低时西瓜就开始开花了，雌花开花时已经到了授粉的时机，雄花开花开始开药，花粉出来了就能授粉。如果进行人工授粉，这时就是人工授粉作业开始的时机。但是蜜蜂开始工作最早也要在温度升至 18℃以上时。作为西瓜来说授粉作业是不能拖、不能等的。雌花产生蜜、雄花的花粉变成白色就失去了授精能力。

蜜蜂勤奋工作、积极授粉，雄花的花粉会被蜜蜂带到雌花的柱头上。但是如果不是这样，就需要有备用的补充手段。小拱棚中的温度不能确保达到 20℃时，就不能只靠蜜蜂，观察蜜蜂的动态和花的形态的同时，进行人工授粉。

（2）要注意农药、水、抗紫外线塑料薄膜　要想使蜜蜂努力地工作，有几个需要注意的问题。根据农药种类的不同，影响是有很大差异的，也是长期的。如果想使用蜜蜂授粉，从定植时就必须要考虑好用什么农药合适（表 5-4）。

表 5-4　农药对蜜蜂活动的影响列表

对蜜蜂活动的影响	农药的名称
即使是刚喷洒过农药，等药液干了就比较安全	BT 乳剂、甲基托布津可湿性粉剂、嘧菌酯可湿性粉剂、氟菌唑可湿性粉剂、氟啶虫酰胺、乙螨唑可湿性粉剂、还原淀粉糖化物、环氟菌胺·氟菌唑水分散粒剂、灭螨醌可湿性粉剂、双胍三辛烷基苯磺酸盐可湿性粉剂／悬浮剂、库奥克 BT 可湿性粉剂、枯草芽孢杆菌可湿性粉剂、脂肪酸甘油酯乳剂、霜脲氰·噁唑菌酮可湿性粉剂、碳酸氢钠·无水硫酸铜可湿性粉剂、腈菌唑可湿性粉剂、醚菌酯可湿性粉剂、氰霜唑可湿性粉剂、唑螨酯可湿性粉剂、异菌脲可湿性粉剂、吡蚜酮水分散粒剂／液剂
喷洒农药后，有影响的时间为 1 天左右	克螨锡可湿性粉剂、吡螨胺水乳剂、胺磺铜、腐霉利可湿性粉剂、多氧霉素水溶剂、丁氟螨酯可湿性粉剂、波尔多可湿性粉剂、百菌清、联苯肼酯可湿性粉剂、氟菌唑烟剂、亚胺唑干悬浮剂、噻虫啉可湿性粉剂、啶虫脒水溶剂／颗粒剂
喷洒农药后，有影响的时间为 2~3 天	甲氨基阿维菌素苯甲酸盐乳剂、代森锰锌、氟丙菊酯可湿性粉剂、多杀霉素水分散粒剂、氯苯嘧啶醇可湿性粉剂、灭螨猛可湿性粉剂、弥拜菌素乳剂
喷洒农药后，有影响的时间为 4~9 天	杀螟松乳剂、马拉硫磷乳剂、联苯菊酯可湿性粉剂、唑虫酰胺乳剂、烯啶虫胺水溶剂
喷洒农药后，有影响的时间为 10~20 天	唑虫酰胺可湿性粉剂、醚菊酯乳油／乳剂、呋虫胺水分散粒剂
喷洒农药后，有影响的时间为 21 天左右	噻虫嗪水分散粒剂／颗粒剂、二嗪农可湿性粉剂、氯氰菊酯可湿性粉剂／乳剂、噻虫胺水溶剂／颗粒剂、氯菊酯乳剂、烯啶虫胺水分散粒剂、吡虫啉可湿性粉剂／颗粒剂／悬浮剂

注：1. 本表内容根据 2011 年度日本千叶县的农作物病、虫、杂草防治指南改编。
　　2. 影响天数根据药剂的喷洒量、稀释倍数、气温、换气量等会有所变动，所以本表只是大概的标准。
　　3. 如果是阴雨天，影响时间则是本表中时间的 1.5 倍。

　　还有一个容易被忽视的问题就是蜜蜂授粉时不仅要有蜜和花粉，还必须要有干净的水。在大棚中放飞蜜蜂时，要准备好盛有干净水的水桶。

　　蜜蜂对减少害虫飞入的抗紫外线塑料薄膜也不喜欢。如果大棚或小拱棚用抗紫外线塑料薄膜覆盖，对蜜蜂来说即使是白天也像在较暗的环境，当然就会抑制蜜蜂的活动。

◎ 人工授粉和坐果管理

　　（1）在早上授粉，最迟也要在中午前完成　　在早上进行授粉作业坐果好，即使是在最低温期的种植模式中，最迟也要在中午前授完粉。为此，授粉作业是开药和授粉同时开始的较量。这时尽量避开授粉作业以外的摘腋芽等工作，按时授完粉为宜。

　　授粉，就是把当天开放的新鲜雄花的花粉全面地涂到雌花的柱头上。如果是在低温期，把前一天开的雄花留下，虽然在雄蕊上有很多花粉，但是用这些花粉授粉，坐果明显不好。

　　（2）授粉后立即关闭小拱棚　　花粉附着到雌花的柱头上后就开始萌发（图5-12、图5-13），长出花粉管。花粉管伸长，经过花柱，到达子房中的胚珠就完成受精。在15℃的较低温度下，柱头上的花粉管虽然也能萌发，但是24小时后还停留在花柱上。但是在25℃时，花粉管4小时后就到达花柱，24小时后就到达胚珠附近（表5-5）。总之，要想坐果，从授粉时到授粉后的温度是很重要的，授粉后立即关闭小拱棚，有利于坐果的稳定。

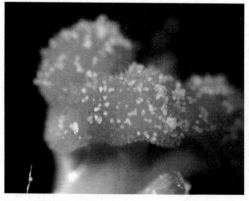

图5-12　附着了花粉的雌蕊

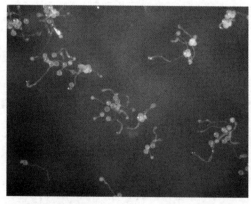

图5-13　萌发的花粉

能看见的丝状结构是花粉管

表 5-5　不同温度的雌蕊授粉后花粉管到达的位置与时间的关系（杉山）

雌蕊子房壁的温度	花粉管到达的位置				
	2 小时后	4 小时后	6 小时后	12 小时后	24 小时后
15℃	柱头	柱头	柱头至花柱	花柱	花柱
25℃	柱头	花柱	花柱至胎座	花柱至胎座	珠柄至珠孔

◎ 确保初期膨大与防止裂果

（1）初期的膨大好有利于长成大的果实　以花粉管的伸长和受精为契机，幼果的细胞分裂旺盛，与之相伴的就是初期的膨大。在幼果的膨大期如果水分供给不充足，果实内的细胞数量增加就受到抑制。

叶片数量少，最后养分供给少，使坐果的第 2 朵花易发生空洞果，原因是膨大初期细胞数量少，无法承受以后的急剧膨大（表 5-6）。

表 5-6　坐果节位的高低与空洞果的发生率、果重的关系

开花后的天数 / 天	低节位坐果			高节位坐果		
	空洞果发生率（%）	果重 / 千克	果重与开花后 10 天时果重的比值	空洞果发生率（%）	果重 / 千克	果重与开花后 10 天时果重的比值
10	0	0.4		0	0.7	
20	0	2.5	6.25	0	3.6	5.1
30	86	4.5	11.25	0	5.4	7.7
40	71	5.3	13.25	0	6.6	9.4

注：本表根据加纳等的数据改编而成。低节位坐果，开花后 10 天时初期膨大差，开花后 40 天时膨大是开花后 10 天时的 13 倍。急剧膨大的结果是发生的空洞果很多。

另外，对于果实内部的温度，中午近表面部位的温度较高，但是日落后则相反，夜间越是近中心处温度越高（图 5-14）。果实膨大初期夜间遇到低温时，会抑制果实周边部细胞膨大，引起果皮附近极端的低糖度。因此，在膨大初期尽量保证夜间的温度，是促进果实膨大、减少果实内部糖度差，培育好西瓜的方法。

为了确保充足的养分和水分，促进果实膨大，要保证白天 35℃左右、夜间 15℃以上的气温和合适的湿度。为了抑制地上部的病害，在授粉开始前就要积极地进行换气，不过从坐果后 15 天左右的果实膨大初期开始，就要转向尽量确保温度和湿度，在这个时期也要积极浇水。

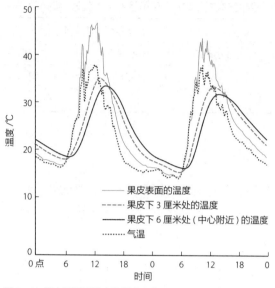

图 5-14　膨大期西瓜果实的温度变化

（2）幼果在膨大期会由于低温而裂果　在幼果膨大过程中，一旦膨大停止，果皮就变硬，再开始膨大时就会发生裂果现象（图 5-15a）。膨大停止的主要原因是夜间的低温，多从果皮温度最低的上侧开裂，而近地面一侧没有开裂。要想防止这种情况就要切实地进行保温，膨大初期在大棚内还应保留小拱棚。在预计有低温的夜间，增盖乙烯塑料薄膜，再覆盖毛毯等稍厚的覆盖材料或银色的聚乙烯塑料薄膜即可。

（3）土壤水分急剧变化也可引起裂果　在坐果后 30 天左右时，即果实膨大一段时间后，也容易发生裂果。土壤水分急剧地增加，或者由于阴雨天，或者叶的疾病障碍抑制蒸腾作用等，结果是果实的水分无处可去，从而发生裂果现象。

走道部分是露地的小拱棚栽培，由于大雨或冰雹使土壤水分急剧地增加，而且伸展到外面的叶片受伤，也会引起裂果。在不定期有大雨的时期，栽培不易裂果的品种是很重要的（图 5-15b）。

（4）由于果脐部病害而引起裂果　还有，果脐部发生灰霉病等，在这些部位也较易发生裂果（图 5-15c）。在地膜上放果实时，下面垫上一张报纸，发生裂果的概率也会降低。只是当出现连续几天的阴天时，报纸吸潮后反而会引起裂果，所以必须要注意。在用农药防治病害的同时，即使是在阴雨天也要稍微地进行换气，用心使果脐部处于干燥的状态。

图 5-15　裂果

a：由于低温而裂果

b：暴雨之后的裂果

c：果脐部的裂果

◎ 及早进行疏果以维持植株长势

（1）及早动手，精心管理　在第 2 章已经讲过，西瓜坐果的最初期光合作用产生的物质几乎都集中到了果实中。就像自己食不果腹，却为了孩子粉身碎骨忘我劳动的父母一样。甚至让人觉得再稍微地向茎叶、根中回流一些养分，坐果后植株长势不会极端地变差，管理也就简单了。虽然怎么也不可能减轻这样大的坐果负担，但是及早地进行疏果，负担就会变小。

蜜蜂授粉成为主流，像这些原本就不用人工授粉的雌花上也附着上了花粉。能有充足的坐果虽然好，但是比起能确定雌花的质量、开花位置、其他蔓的坐果、开花的人工授粉来说，也增加了一些多余的坐果。要及早疏除这些多余的果实。

（2）从授粉中心日开始第 7~10 天进行疏果　果实长到有握着的拳头那么大时，从授粉中心日开始第 7~10 天进行疏果。蔓的伸长在坐果以后短暂的一段时间仍然旺盛，但是在这个时期之后就会急剧地衰退。如果不在这之前进行疏果，减轻坐果负担，疏果的意义就大打折扣了。选择好疏果的时机是非常重要的。

另外，选留哪个果实也是很重要的。首先要除去变形、畸形、受伤的果实。如果是留 3 根蔓坐 1 个果的 1 株 1 果栽培，比起球形果来，还是留鸡蛋状的纵长果为好，不好决定留哪个时，留下大的即可。

留4根蔓坐2个果的1株2果栽培，在这一株中果实的大小一致是很重要的，一般就是把最大的那个果实去掉。收获2个果时，如果果实的大小不一致，即使是长到1~2千克之后，小的果实也会因争不到养分而凋萎。即使是不凋萎，也会产生很大的差别，如一个长成10千克的空洞果，另一个长成2千克的极小果。总之，收获不到品质好的果实（图5-16）。

图 5-16　果实膨大的对比，右边是凋萎了的幼果

在疏果时，1株中要留下几乎等大的果实，如果可以就留下坐果日差2天以内的果实。

（町田刚史）

◎ 异常天气的影响及对策

（1）2010年早春的异常低温　在天气不可预料的时期，预先采取什么对策也是很难的。虽然控制不了自然现象和它产生的破坏力，但是也不能坐以待毙。

千叶县2010年3月末~5月初天气异常，连续下雨、阴天，光照严重不足。同时，还发生了周期性的异常低温。

图5-17展示了这段时间大拱棚内的气温（地上12厘米处的最高、最低及平均气温）和地温的变化。如图所示，这个时期授粉时的最低气温在5℃以下，也有接近0℃的天气。还有，异常低温日连续呈波动状出现，所以有的花粉一点也没开药，有的雄花消失，雌花中途开始柱头畸形增多、子房硬化、裂果现象发生很多。多次观察发现，即使是天气回暖，也要在异常低温结束的2~3天后才能恢复正常授粉的状态。

还是在这一年，从3月开始就多雨，因为定植时土壤水分过多，所以比往年根扎得浅，很多生产者发现了根的伸展不充分的现象。

因为这些情况，就出现了很多的植株不坐果，即使是好不容易坐住果的植株，也是4根蔓只坐1个果，并且为了调整坐果还费了很大功夫。最后，很多地块变形果和空洞果明显，果实糖度低，并且比往年在收获前出现的裂果多，最后销售量只有往年的40%。

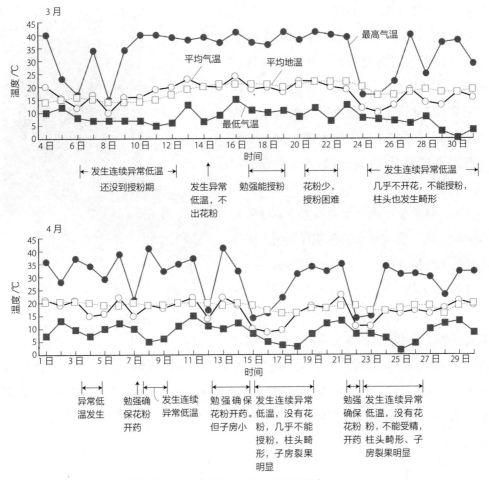

图 5-17　2010 年 3~4 月千叶县西瓜产地的气温变化（大拱棚半促成栽培）

（2）专业生产者的做法　同样在这一年，有个专业生产者的收入是一般生产者常年收入的 1 倍多。这个专业生产者究竟采用了什么手段呢？

这个专业生产者培育了子叶厚的健壮苗，在提高同化力的同时（参照第 3 章的内容），根伸展到了即使是低温时地温也几乎不怎么变化的地下 25 厘米以下。他还早就养成了不依赖化学肥料、经常使用堆肥等有机质维持地力、能生长出健壮植株的地块。

另外，他为了维持棚内 15~35℃的温度和换气，随时应对突发状况，设置了温度计，能随时测定气温和地温等，基本的栽培管理非常到位。

（3）人工授粉和坐花促进剂并用　在以上管理的基础上，在异常天气中，这个生产者首先做的就是向人工授粉转变。

当天气异常，蜜蜂的活动不旺盛时就改成人工授粉，并且把花粉全面地大量涂到柱头上（图 5-18）。这样做可促进受精，还可以利用花粉中含有的促进膨大的激素。为了能采集到更多的花粉，在大棚内栽上了数株即使是在低温下也出花粉的好品种 SA-75（参照第 77 页）。

还有，这个生产者在出花粉差、育性降低的低温时，用了促进坐果的坐花促进剂，即涂抹用拜阿宁或福尔麦特，培育了育性高的花粉。

具体的做法是在进行人工授粉以后，当天或第 2 天把极微量的涂抹用拜阿宁原液涂到蔓的果梗基部（纵线状，长 5 毫米左右），或者在

开花当天早上（6：00~8：30）授粉（上图），对 4 个柱头都均匀地涂抹上花粉

图 5-18 人工授粉作业

开花的前一天把福尔麦特稀释至 100~500 毫克 / 千克，在西瓜果梗部的两侧用棉棒各涂抹一下。只是若拜阿宁和福尔麦特涂抹多了，近果梗部的果皮有的会异常膨大，有的到收获时果皮色还残留深绿色，有的在果实内部有黄体（通道组织膨大黄化的部分），所以要注意。

（4）重新坐花、再次整枝　这个生产者在得不到正常的花芽或花数明显少时，暂且以最低果数渡过，继续寻找下一个花芽，通过更换果实，探讨复数坐果的可能性。

最后，到第 4 果的坐果节位还没有花芽时，把每根蔓从植株基部留下 50~60 厘米后把其余的剪掉，当蔓再长出来时再在第 20~22 节的适宜位置留花芽，采用这个回剪技术（图 5-19）。

还有，坐果位置不均衡时，或发生畸形果或裂果时，就及早把不想要的果实摘除，对应着蔓数再次调整果实。1 个正常果留 4 根蔓的可调整为留 3 根蔓，留 3 根蔓的可调整为留 2 根蔓，这样调整（若是只有 2 根蔓的就不能再剪了，就对这 2 根蔓进行调整）。

当然，还要观察植株长势，及早判断是否缺肥。缺肥时，施用辅助性的叶面肥或地下追肥等，来促进果实的膨大。此外，抓住销售的时机和价格也是很重要的。

坐果不良的植株

回剪了蔓的植株

图 5-19　坐果不良植株的回剪

在育苗期有的雌花分化失败，或有的定植后由于异常低温或高温而坐果不良时，把蔓回剪，等待雌花再次出现

左图靠近读者的植株对蔓进行回剪，留下的长度为从植株基部向外 40~50 厘米，并且把长大的叶片摘除（即使是看不见芽也要剪，因为以后也能发芽，所以不要犹豫）。右图是 5 天后的植株。再次长出的叶片伸长很快

（中山　淳）

3　培育好的西瓜

◎　脆劲和沙瓤

　　请评论员品尝多个西瓜品种，被问到哪一个品种味道最好时，一般地受欢迎的因素集中在 2 个方面。不一定是糖度高的第 1、第 2 位就得到票，与其说受欢迎的因素是糖度，还不如说是果肉的脆劲最重要。果肉的脆劲虽然很难以用数值来表示，但是如果用插入式硬度计来测定果实中心的果肉硬度，大体上来说受欢迎的果肉硬度集中在 0.6 千克和 0.8 千克左右。进一步地看构成这 2 个峰值的评论员的年龄构成，有意思的是由年轻人构成的群体和年龄大的人构成的群体，基本各占一半。年轻的人喜欢更脆的果肉，年龄大的人喜欢吃软的果肉。只是"软的果肉"并不是表示是熟过的果实或在商店里剩下的果实，而是指沙瓤的西瓜（表 5-7）。

　　有的人用插入式硬度计测得的数值高的表示果肉脆，将微妙的沙粒口感称为沙瓤，用它们来表达用数值难以表达的口感可以说更确切吧。

表 5-7　不同品种的果实糖度、果肉硬度和不同年龄层评论员的综合评价

供试品种	果重 / 千克	果实糖度（%）		果肉硬度 / 千克	综合评价为第 1 位的人数	
		中心部	种子部	中心部	10~39 岁	40~69 岁
A	8.8	13.0	11.6	0.65	1	4
B	8.5	12.8	11.3	0.90	3	0
C	8.4	12.1	11.8	0.62	2	11
D	8.2	12.0	11.2	0.77	5	1
E	8.4	11.8	10.9	0.70	0	0
F	8.7	11.6	11.2	0.81	9	1
G	9.0	11.3	10.7	0.75	4	1

注：综合评价，是把味道和外观最优的品种评为第 1 位的评论员的调查。

这两类的消费群体的不同，带来的是喜好的不同，而不是哪个品种优秀，哪个品种不好的问题，小时候就吃惯了的西瓜是我们对美味西瓜的最初印象（图 5-20）。

不管怎样，"好的西瓜"并不就只代表糖度高的西瓜，糖度高只是一个重要的要素，但是果肉的口感也是不可缺少的评价要素。那么，怎样才能培育出这样的西瓜呢？

图 5-20　小时候吃过的西瓜是对美味西瓜的印象

◎ 培育好的西瓜的温度管理

西瓜果实中含有的糖，主要有果糖、蔗糖、葡萄糖。这 3 种糖的比例随着果实成熟度的增加而发生变化。以坐果后 30 天作为界限，在这之前占比近 100% 的果糖和葡萄糖的浓度开始降低，而蔗糖的浓度就急剧地上升（图 5-21）。惊人的是，随着果实的膨大，蔗糖浓度上升，从坐果后 30 天到收获这几天的时间里，平均 1 个果实就蓄积了 300~400 克的蔗糖。作为砂糖主要成分的蔗糖，入口甜，所以蔗糖的量越多西瓜就越甜。巧妙地蓄积蔗糖，是培育甜西瓜的基础。

为了促进蔗糖蓄积，尽量减少呼吸引起的消耗是很重要的。白天通过光合作用生产的糖除补充自己消耗的养分，还有剩余养分的叶片，到了夜间就只消耗糖。通过减少茎叶夜间的呼吸消耗可以增加糖的蓄积。

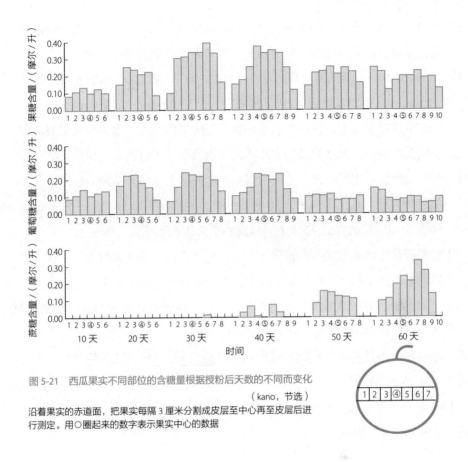

图 5-21　西瓜果实不同部位的含糖量根据授粉后天数的不同而变化

（kano，节选）

沿着果实的赤道面，把果实每隔 3 厘米分割成皮层至中心再至皮层后进行测定。用○圈起来的数字表示果实中心的数据

具体的做法是在蔗糖蓄积开始的坐果后 30 天，夜间也要进行换气，把夜温控制在 12℃左右进行管理。

外面夜间的气温在 25℃以上，不能充分换气降低棚内温度时，即使是大型西瓜，也会在 35 天左右的短时间内成熟。在这样的时期，蔗糖蓄积非常不足，甜味主要靠果糖和葡萄糖，淀粉的含量也高。以清爽甜味为特征的果糖，用冷水冰镇后可感觉到强的甜味。在成熟天数短的时期收获的西瓜，说不上很甜，推荐好好冰镇一下再吃。

◎ 成熟天数的计算方法

（1）用累积温度计算成熟度最可靠　和果皮的颜色随成熟变化的果实不同，西瓜只凭外观来判断收获适期是很难的。为了持续地销售好的西瓜，要大体上掌握在什么时期、在哪个地块能收获到充分成熟的果实，以此来制订上市计划。

一般来说，大型西瓜的成熟天数为 45~50 天，小型西瓜为 30~35 天，这是根据栽培时期和经验等得出的大体标准。与成熟度关联最高的是累积温度，大型西瓜需要累积温度 900~1000℃，小型西瓜需要累积温度 700~750℃。若以这个累积温度为标准，平均气温为 25℃时，大型西瓜接近 40 天就能收获；但是 20℃时，就需将近 50 天。

只是，这里的累积温度，是西瓜栽培环境气温的累积温度，而不是气象观测中用百叶箱测出的气温。当然，温度管理的方法不同，到收获的天数也不一样。还有，不同的品种所需要的成熟天数也不一样，上面的累积温度只是主流早熟品种的数据。

早熟品种的大型西瓜，若 4 月上旬坐果，果实的成熟期为 50 天，5 月上旬坐果的为 45 天，6 月上旬坐果的将近 40 天，可以此作为大体的标准。

（2）成熟天数因地域不同而有差异　还有，地块不同，成熟天数也不一样。地力差的地块成熟就早，感觉到有酸味的果实较多。即使是在同一地块当中，这一个角落的西瓜也总是不甜。地力好的地块虽然成熟期长，但是慢慢地成熟能长出很好很甜的西瓜。为了培育出又好又甜的西瓜，尽量选择地力好的地块。

地力的强弱，通过接近收获期时蔓的长势就能判断，在坐果后还不到 30 天时叶色就变浅了，表明地力不足。相反，如果到了快成熟时，主蔓的叶色还很绿，腋芽还不断地长出，光合产物就被营养生长利用了，果实糖度就不会提高。此时需要调节施肥量，使在收获前 1 周叶色就变浅。

◎ 转果可促进西瓜的膨大和改善果形

（1）底座和转果要配套　西瓜的果皮接受光照时就会着色，密切接触地面的部分就会成为黄色。为了防止底面为黄色，就要进行转果，不过也有的人用能透光的聚乙烯树脂的底座（称为垫子、盘）。用底座确实省力，实际上转果的效果不仅只是使果皮着色好，还能很好地调整果实的形状。

说起使果实的形状变好，就是因重量使果实底部膨大被抑制，而转果后又开始膨大了。转果不仅使果皮颜色变好，果实的形状也变好了，还促进了果实的膨大。因此，必须要进行转果，果梗（果把）像领带一样弯曲的西瓜，形状和膨大都很好（图 5-22）。

果皮密切接触地面时，不只是颜色发黄的问题，喷洒农药后药液积聚在低洼处有时引起药害，有时花落后因湿度大而引起裂果。利用底座，就有防止这些问题的效果，所以和转果配套使用才是正确的做法。

（2）**在成熟期把西瓜立起来**　近年来，可能是梅雨期晴天时的光照比以前强了，经常见到果皮日灼的现象（图 5-23）。果皮上的维管束沿着花纹的方向排列着，水分通过维管束移动，像散热器一样调节果实的温度。看花纹的密度就能明白维管束的密度，在果实的两端（果梗部、果脐部）附近多，在赤道部（胸部）少。果皮容易引起日灼的部位是果实温度升高后下午被强光直射的西侧。因此，在叶片的活动弱的果实成熟期，为了使西瓜赤道部不直接受到强光照射，最好把果实立起来。

图 5-22　果梗扭了几个弯，像右边的西瓜肩部扩展和果实膨大都很好　　　图 5-23　日灼果

避免在突然晴天及其前一天进行转果作业。还要用叶片遮住果实避免它直接露在外面，或者在光能直接照到的果实上盖报纸或稻草。

（3）**转果的技巧**　通常的转果，是在疏果时把果实立在底座上，在收获前 10 天左右再放倒。若在果实进入成熟期时再把果实立起来这个前提下，转果作业的技巧如下。

疏果后，果实直径长到 10 厘米左右时，把果实立在底座或报纸上。当膨大到 15~20 厘米时，再平着放倒。如果要做得更细致一些，10 天以后还是以平躺着的状态把果实旋转 90 度，不需要反转。

接下来，在收获前 10~15 天再把果实立起来，在防备强光照的同时等待收获。

◎ 要培育好的西瓜，生长发育整齐一致是前提

在西瓜切开销售、装盒销售为前提的现在，要想培育好的西瓜，品质整齐一致是前提。只要有少量的不熟或熟过的西瓜混入其中，无论是多么好的西瓜都得不到好的评价。

要想培育甜度、口感都很好的西瓜，就要瞅准时机进行收获、销售，但是适期的范围很小，也就是最适期的前后各1天。前后各1天这一适期范围，如果将授粉期压缩到3天之内，就是在地块中能一次收获作业就能完成的时间。如果一个地块中进行多次收获，试切的次数就要增加。在这期间别的地块的西瓜也迎来收获期，又要忙于上市销售。这样被后面的工作向前赶着，以后适期收获、销售就更难，就不能做到在最佳时机出售好的西瓜。

将坐果日期整齐一致作为目标，把育苗、定植和缓苗、初期的生长发育作为重点来进行栽培是很重要的。

还有，生长发育整齐了，坐果位置也就整齐一致了。坐果位置一致时，在垄上的位置也会一致，果实接受的温度也基本一致，成熟度的差别也就消除了。还有，进行疏果、转果、收获作业时，如果果实排列在一起，就能很省力地完成（图5-24）。因此，培育好的西瓜，生长发育整齐一致是前提。

图 5-24　摆成一条直线的果实
果实排列在一起时，作业就能顺利完成

（町田刚史）

重新认识西瓜的营养价值和效用

专栏

▽ 西瓜是营养价值较高的水果

西瓜大概有91%是水分。10千克的西瓜，有9千克的水分，其余的1千克为糖分、矿物质、纤维等固形物。在日本，西瓜是作为美味的水果被食用的。在原产地非洲，有不怎么甜的野生西瓜，多用来代替水或作为家畜饲料。

居住在南非卡拉哈里沙漠的人，在没有水的沙漠靠养羊和狩猎维持生活。支撑他们生活的是被称为"梨"的直径为20厘米左右的野生西瓜。切开可以饮用果汁，果肉和果皮等放入锅中煮水，有时还加入肉煮着吃。除此之外，还榨干果肉给孩子洗手洗脸等。那里的人说"只要有西瓜，人就能活下去"。

▽ 成为药品的天然饮料

一旦气温升高到 30℃，西瓜就卖得很好。热天出汗时，身体就不断地散失矿物质和水分。现在的多数人用运动饮料进行补充，但是我建议干脆吃西瓜。西瓜果汁中含有不少于运动饮料的维生素和钾、磷、镁、钠等矿物质。西瓜的糖分容易被身体吸收，含有较多能马上转换为能量的葡萄糖、果糖，所以被吸收时不会给因夏季酷暑而疲倦的身体增加负担。

著者以前经常去东南亚调查西瓜市场。那里的天气多湿炎热，一走路就汗流浃背，在宾馆中 1 天就要洗 3~4 次衣服，当地的水为硬水，也不适合饮用。代替饮用水的就是西瓜。

虽然也有瓶装的矿物质饮料。但是，在因阳光和炎热而口干舌燥、因高温高湿而热得四肢无力的东南亚国家，这时不仅需要润喉，而且还需要补充葡萄糖、果糖等糖类，以及前边提到的维生素、矿物质类，所以西瓜依然深受喜爱（图 5-25）。

图 5-25　西瓜的营养价值和效用备受关注
在越南路边切块销售的西瓜

▽ 西瓜中含有的各种营养元素

西瓜中还含有其他各种营养元素。有抗氧化能力，据说能抑制癌症的番茄红素含量是番茄的 1.5 倍，有维持体力效果的瓜氨酸比苦瓜的含量还高。由于西瓜含有这两种物质，有 2~3 个大学对它在预防肝癌、肾癌、子宫癌、皮肤癌等方面的作用进行了研究。

瓜氨酸利尿的效果也很好，自古以来就有西瓜能治疗肾炎的说法。熬果汁制成的西瓜糖，作为治肾病的偏方使用。西瓜中的钾、镁等对于排出体内的盐分、降低血压方面也有效果。

除此之外，西瓜中的锌据说有治疗身体内外伤口的作用，对口腔溃疡有较好的效果。在中药中也有应用。

维生素 C 可保护皮肤免受日晒灼伤，同时具有发汗的作用，能降低发热时的体温。正因为如此，西瓜结合糖类的效果在炎热的夏季可预防中暑、日灼病（表 5-8）。

表 5-8　西瓜所含糖类的甜度比较

西瓜品种	还原糖		蔗糖	糊精	合计
	果糖	葡萄糖			
红肉系（大和西瓜）	8.6 克 / 个（54.4%）	2.9 克 / 个（18.4%）	2.2 克 / 个（13.9%）	2.1 克 / 个（13.3%）	15.8 克 / 个
黄肉系（黄金西瓜）	11.6 克 / 个（56.9%）	3.9 克 / 个（19.1%）	1.1 克 / 个（5.4%）	3.8 克 / 个（18.6%）	20.4 克 / 个
根据指数进行甜度比较（按蔗糖指数为 100 计算）	常温时 120	70~80	100		
	低温时 130	70~80	100		
	甜度最高、爽口又有甜味。比起其他的糖，有温度低时甜味增加的特点	比果糖和蔗糖的甜味低，但是它有蔗糖所没有的味道	蔗糖一般作为甜度的标准	比还原糖、蔗糖的甜度低	

注：西瓜的味道由甜味、酸味、香味组成。未熟时糖度低，酸味强。支撑西瓜味道的是西瓜独特的香味和隐藏的酸味，营造出它特有的水果风味。

▽ 种子的营养价值也很高

另外，西瓜种子也富含有蛋白质、脂肪、钾、铁、胡萝卜素、维生素 B_1、维生素 B_2、烟酸等多种营养元素，吃起来很美味，像吃花生一样停不下来。在中国、东南亚国家，以及巴西等南美各国，西瓜种子作为营养价值高的副食品广泛地生产。

在家庭中把种子用 0.5%~1% 的盐水浸泡，控干水后炒一下就可以吃了，根据个人喜好，加入少量的甜味剂，还可吃到咸甜的味道。

西瓜是真正的天然珍贵的运动饮料，可以说是每个人都喜欢的高营养价值水果。

（中山　淳）

第 6 章

收获、销售的
条件和管理

1 使成熟度尽量一致的收获适期的判断

◎ 用手拍一拍只能判断是不是空洞果和串瓤果

比起香蕉或甜瓜这些有后熟的果实类，收获完熟果实的西瓜对收获时期的判断更为重要。大家熟知的判断成熟的依据，如用手拍一拍回音响亮时、坐果节的卷须有接近一半干枯时、果皮上出现光泽时、果梗的颜色变浅了时、果脐附近的果皮有弹性时等，都可以判断为成熟，不过这些会因果皮厚度、果实大小、品种、种植模式等条件不同而有差异。但在不允许有坏的果实掺杂其中的现在的西瓜销售模式下，以上这些判断手段还缺乏准确性。在同样的条件下比较，熟练的人通过拍打检查能发现空洞果、不熟的果实、熟过了的果实，但是在不同的条件下，能有信心识别的也就是空洞果和串瓤果吧。

现在，便携式的近红外无损糖度计已经实用化了。原理是用光照射果皮表面，用反射的波长来推定糖度，但是如果西瓜的果实很大，光的强度有限的便携式近红外无损糖度计的光线就照射不到想测的果实内部。数据还会受到测定的位置、果皮厚度、果实温度、不同品种等的影响。如果要求准确性，就需要在各种条件下确认推定值与实测值之间有怎样的关系。用便携式近红外无损糖度计测定大型西瓜的糖度，到实用好像还需要一些时间。

◎ 通过坐果天数和摘下试切确认收获适期

那么既不能依靠经验，也不用什么尖端技术，该如何判断收获适期呢？

若在地块中判定，首先必须用眼来判断。用一只手拿着剪刀一个果实一个果实地拍打，或用机器测定等，并不是不行，但是效率太低了。比较好的做法，也是常用的做法，是把每个果实的坐果日记下来，以天数来判断收获日期，这也是传统的做法，但要和摘下来试切品尝结合起来。只是如果试切时只选对它有信心的 1 个果实，意义就减半了。每个规格至少试切 3 个以上的果实且都是优良品，就能判断同一天坐果的果实可以收获了。

试切的同时也能测定糖度，更有了试吃的真实感受。能充分掌握西瓜的特点，如甜味和多汁感是否充分，口感如何，是否有酸头等。还能清楚地观察到果肉是否新鲜、是否串瓤、果肉颜色，以及果皮和果肉分界是否明显等。所以还是尝一下最可靠。

◎　以坐果日的颜色区分来预计出货量

（1）提前把握收获量和上市时期　如果问销售人员如何能把西瓜卖得价格更高时，得到的回答是不能把空洞果、串瓤果等混入好果中，还有必须要提前掌握上市的信息，以及知道什么时候有多少出货量。

水果店以零售为主，以买方和市场的协商形成生鲜食品的价格。其中，有或没有到货量的事前信息，协商的方法是大不相同的。到货量多时就多销，到货量少时就少销，这样来调整推销策略。

话虽如此，对像西瓜这样收获适期短的作物要事前掌握出货量是很难的。但也并不是做不到，就是用坐果日的天数来判断收获适期，用这个方法就可以较早准确地说出出货量。

（2）在不同坐果日的果实旁分别插上不同颜色的棒　坐果日的区别，用不同颜色的胶带或标签、塑料棒、毛线、装饰带等标记，一看就能知道在哪儿，而且不需要再另外收拾，用单手就能做标记。例如，把不同的坐果日用红、蓝、黄等颜色的棒标记后再记清楚不同颜色代表的意义。

著者的做法是用喷上不同颜色的细棒（长 40 厘米左右）。从坐果蔓的蔓尖端看，把这个棒插在右手边。不用拘泥于插在雌花的一侧，在垄上摆成一条直线就行（图 6-1），这样插的时候和收拾的时候，不需要这边那

图 6-1　把不同颜色的细棒插到蔓的右侧（从蔓尖端看）

边地伸手，在哪株上坐了几个果实也一看就明白。

每隔5~6节就着生1朵雌花，在坐果期1天大约能长1节。因此，1次授粉作业，最长也要在相同的蔓上的下一朵雌花开花前的5~6天进行。因此，坐果标记就需要约6种颜色。若允许有1天差别，即2天内授粉的都用1种颜色的棒标记，把不同标记的位置根据日期分成蔓尖端和植株基部，用3种颜色就能完成。当然，什么颜色表示什么时候坐果，从开始授粉至授粉结束都要记清楚。接下来在疏果作业和转果作业的阶段，数一下哪种颜色标记的果实有多少个，就能预测出大概的出货量。

关于各种规格的比例，只要卖上几年西瓜，在收获前10天进行转果时，就应该能较准确地说出有多少出货量了。

◎ 按不同销售去向分别采收——为了促进直销

进行采收作业时，在地块中一看，啊，这个西瓜看上去格外好吃，果实的色泽、形状、大小、茎叶的状态无可挑剔。假设有几个买家，扣除销售的经费和手续费，当然要把它卖给出价高的。比起向市场上大批出售，还是等2~3天完熟后进行直销更有意思。

轻度的空洞果和用手摸着有凹凸不平感的西瓜，在一般市场上都不作为优良品对待，但是也许这样的西瓜很好吃。这是因为茎叶到最后一刻都很健全，把光合产物持续地送到果实中。这样的果实在直销时也许会很受欢迎。

比起不会说话的西瓜来，与懂得这样的西瓜更好吃的"西瓜通"打交道，也是直销的兴趣所在。可以专门与这些人联系，销售合适的西瓜。

2 安全、放心是最基本的要求

◎ 农药的正确使用和可追溯制度

（1）教科书般的栽培履历表　为了适应追求安全、放心的广大消费者的要求，把栽培过程、流通过程写明白（可追溯），通过农药残留分析证明累积自己的产品优良的实

绩，这已经成为农业生产的常识。其中的要点是什么地方，谁使用的，在哪个地块，用什么农药、肥料，使用时间和使用量，从播种开始，各个栽培时期的管理都记清楚。这样如果买方要求出具履历表，就能立即拿出来展示。

每一批作物做一份栽培履历表，如表 6-1 这样，事先把想记入的项目设定好。特别是对于消费者非常重视的农药，提前记好使用可能性大的药名、使用次数、使用量，并在相应位置留好空格，到时只把日期填上即可。

表 6-1 栽培履历表的项目内容

项目分类	内容
生产者、地块信息	姓名、生产者顺序号、地块名、地块顺序号、种植模式（保温方法）、面积、栽培年度
栽培管理信息	作物名、品种（接穗、砧木）、播种日期、定植日期、授粉日期、收获开始日期、收获终了日期
使用的材料信息	堆肥、肥料、土壤改良材料的名称、成分、施用日期、施用量；农药的药剂名（剂型：粒剂、乳剂等）、稀释倍数、喷洒量（1000 米 ^{2}）、喷洒日期
备注、其他的参考信息	天气、生长发育情况、病虫害发生状况等

还要把含有同一种成分的农药，用同样的框圈起来。例如坎塔斯干悬浮剂和西格那姆水分散粒剂虽然商品名称不同，但都是含有啶酰菌胺这同一种有效成分。像这样的农药有时不注意就超过了限定的使用次数。用这种方式来防止这样的事情发生。

另外，设置独立的备注栏，把发现的问题及时记录下来是很重要的。

"嫁接苗的砧木有根残留时，砧木的子叶就不萎蔫了""× 月 × 日最低气温为3℃、叶片变黄了""A 杀虫剂 +B 杀菌剂 +C 展着剂混用后新叶皱缩了""隔了 10 天才进行的整枝作业，2 人 1 天只干了 500 米 ^{2}"等，发现什么问题都可以记录下来。正因为记录下了自身成功的经验和失败的教训，才有了第 2 年技能提高的教科书（图 6-2）。

（2）栽培履历表成为生产者自身安心的证明 在收获、上市的忙碌时期，记录履历表所费的功夫增加，多数人也许会认为这件事很麻烦。但是，实际上最需要栽培履历表的正是生产者本人。例如，在西瓜的后茬卖嫩茎花椰菜时，被检出了没有登记的农药，虽然是在限量值以下，但是被检出就是问题。这种情况下，查找栽培履历表，看前茬西瓜使用的农药，弄明白了就没有什么问题。当然如果超过限量值则是另外的说法。不过，不管怎样把自己使用农药的情况记清楚，能够说明白是很关键的。

近年来，农药残留的分析精度非常高，若和栽培履历表结合在一起，其吻合性是很

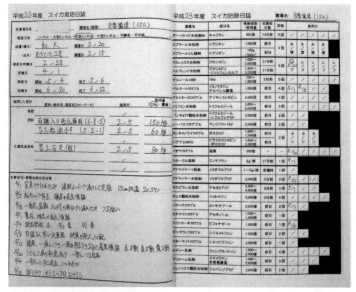

图 6-2 成为第 2 年教科书的栽培履历表

惊人的。正确记录履历表是生产者的义务，但它不仅使消费者放心，而且也是生产者自身安全的证明书。

◎ 活用认证制度——1 个西瓜即使贵 200 日元也能卖光

准备了采用通常的农药喷洒次数和农药喷洒次数减半的两种西瓜。结果是农药喷洒次数减半的西瓜，一个贵了 200 日元都卖出去了。这两种西瓜先卖完的是价格高的使用农药次数减半的西瓜（图 6-3）。农药减半具体有什么样的意思因人而异。但是，用农药越少就越好。因此，很多人认为即使是价格稍高一些也可以接受。考虑到消费者在商店里会买哪一种，对活用认证制度的宣传也是很重要的。

在日本，农产品的认证制度是分别由几个运营主体进行管理的。有日本农林水产省规定的根据日本有机农业标准（JAS）由登记认证机关进行管理的认证制度，各都道府县等根据认证特别栽培农产品指南进行管理的认证制度和

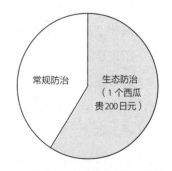

图 6-3 喷洒农药次数和价格不同的西瓜的订货量
生态防治的西瓜，就是农药喷洒次数比常规防治减半的西瓜。相对于常规防治的价格，采用生态防治的西瓜每个贵 200 日元。以 81 个消费者作为调查对象，每人只能订 1 个西瓜

生态农业认证制度，由农协等生产团体进行管理的认证制度等多种制度。各种认证制度的理念和要件各有不同，所以生产者要在事前根据自己的意愿选择适合的制度。

有机农产品，被认证的不只是一茬作物，受认证的地块必须满足 3 年未使用化学农药和化学肥料等严格条件，但这是能作为日本有机农产品销售的唯一制度。为了生产出栽培时间长、使用生产材料比较多的美味西瓜，不使用一点化学农药，对于生产者来说是有很大风险的。在日本，通过西瓜有机栽培营利的事例还很少。

另外，对于根据特别栽培农产品指南进行管理的认证制度，日本各都道府县也可独自进行认证（如千叶县的"千叶生态"、熊本县的"有机农品君"等）。因为主要是由公共机关进行管理的认证，所以生产者没有基本的经济负担，还有望能得到普及指导员的技术指导（图 6-4）。

图 6-4　贴着认证标签的西瓜

还有把致力于安全、安心、持续发展的农业推进作为主要因素的论证制度。生产者可以根据自己的栽培技术和购买方的愿望来判断利用什么样的制度。

为了取得认证，在栽培前首先要从委托各认证团体或推广机关开始。通常，因为从事前审查和地块准备阶段就需要准备很多的要件，所以至迟在栽培开始前半年就要进行最初的协商。有的制度成为申请补助的必要条件，还有的制度资金的偿还时间可以享受特例等附属的好处，请提前一起确认好。

（町田刚史）

专栏

美味可口的西瓜的吃法

▽ 国外的西瓜爱好者

去欧洲时，经常见到芒果、菠萝、甜瓜等和西瓜混合的水果色拉。还有切成小块的西瓜，并配有牙签一起卖的。因为用手拿着很方便，所以经常见到路上边走边吃的青年情侣。

在美国，把1/4或1/8的除去了果皮的西瓜装入塑料袋中或塑料盒中在超市里卖。一定是作为不产生垃圾的销售方法而受家庭欢迎吧。

在韩国，即使是在冬季也吃西瓜。不论什么时候，作为每顿饭的饭后甜食都会有西瓜。因为就像是在烤肉和其他的肉菜之后一定要用西瓜来调和一样，所以冬季就是靠进口也要吃上西瓜（图6-5）。

图6-5　韩国农协经营市场的西瓜销售情况
韩国西瓜的消费量远超日本

在热带、亚热带国家和地区，经常把大粒的西瓜种子炒着吃，是很受欢迎的吃法，西瓜种子又叫西瓜子。西瓜种子中有营养的成分含量和种类比果实中还多，所以在日本也应大量推广。而且西瓜种子像花生那样一吃起来就停不下来（图6-6）。

通常的栽培品种的种子　　　　　　　　食用种子专用品种的种子
（0.98厘米×0.50厘米×0.18厘米）　（1.52厘米×0.84厘米×0.35厘米）

图6-6　食用种子专用品种的西瓜种子大小
白色的都是已剥去皮的西瓜种子

▽ 西瓜饮料

推荐把西瓜切成小块并除去种子，用食品搅拌器打成西瓜汁，然后冷冻，想喝的时候进行解冻，喝西瓜汁。著者常在早上喝。在1杯新鲜的凉西瓜汁（约

180 毫升）中加入 1/4 个或 1/6 个柠檬打成的汁，因为甜中有适度的酸味，不亚于其他的任何饮料。香蕉、苹果、菠萝等用同样的方法冷冻，加入蜂蜜或牛奶，和西瓜汁掺在一起做成多种口味的果汁，可尽情享受。

另外，在 150 克西瓜果肉榨的汁中，加入 50 毫升酸奶和 20~30 毫升牛奶后摇匀，稍微冷却后，就制成了浅桃红色的爽口美味饮料。

把这个西瓜汁装入消过毒的塑料瓶中，拧紧盖后冷冻贮藏，虽然特有的西瓜香味没有了，但是能贮藏 1 年左右（图 6-7）。即使是在冬季早饭后也能享受到健康饮料的美味。

图 6-7　黑皮西瓜和西瓜汁
打成汁就能冷冻贮藏

▽ 西瓜冰沙

喜欢西瓜的人，当遇到甜味不是很足的西瓜时也不要灰心，加入少量的蜂蜜、柠檬汁制成冰沙，会变成意想不到的美味。把西瓜果肉切成小块，加入适量的蜂蜜和少量的柠檬汁后用食品搅拌器打成柔和的汁（根据各人的爱好也可加入香蕉）。把它放在冰箱冷冻室中稍微冻一下，就制成了冰沙，方便全家或来客饮用。

（中山 淳）

第 7 章

小型西瓜、无籽西瓜栽培

1 小型西瓜的栽培要点

◎ 确保坐果数是关键

计算单个西瓜的价格，小型西瓜约是大型西瓜的 1/2，若比较 1 箱的价格，大型西瓜 1 箱 2 个，平均 1 箱 2000 日元；小型西瓜 1 箱 4 个，1 箱同样是 2000 日元。所以说小型西瓜在同样的面积上如果收获不到大型西瓜个数的 2 倍就不合算了。不但栽培费功夫，又加上出货数少，小型西瓜对生产者就没有什么魅力了。总之，小型西瓜的栽培最关键的是要确保坐果数。

大型西瓜通常是 1 株留 4 根蔓，收获 2 个果实。小型西瓜 1 株就必须要收获 4 个果实以上。通常，小型西瓜比大型西瓜施氮肥的量少 30%~40%，但是，以 1 株留 4 个果实以上为目标的情况下，这样做在栽培的后半期就难以维持植株长势。因此，小型西瓜的施肥量只比大型西瓜少 20%~30%，确保生长发育后半期的肥效。

理想的施肥设计是前半期保持容易坐果稳定的植株长势，坐果后促进膨大。速效性氮肥和缓效性氮肥大约按 1：2 的比例，配制成肥效有持续性的氮肥，见表 7-1。

表 7-1　小型西瓜的施肥设计案例

肥料名称	成分（%）			1000 米² 施肥量 / 千克	成分含量 / 千克			摘要
	氮	磷	钾		氮	磷	钾	
IB-S1	10	10	10	70	7	7	7	缓效性氮肥占 80%
优质速效有机肥	12	16	8	30	3.6	4.8	2.4	以速效性肥料为主
脱脂米糠	3	5	2	30	0.9	1.5	0.6	
鱼粉	7	7	0.5	20	1.4	1.4	0.1	
钙镁磷肥	0	35	0	25	0	8.8	0	
硫酸钾	0	0	50	4	0	0	2	
硫酸镁	0	0	0	10	0	0	0	
镁石灰（苦土石灰）	0	0	0	70~80	0	0	0	pH 为 6.0 时不需要
合计				258~269	12.9	23.5	12.1	

◎ 1000 米 ^{2} 的株数、坐果节位、收获天数与整枝管理

小型西瓜栽植后留 5 根蔓，株距为 72~73 厘米，平均 1000 米 ^{2} 栽 680~690 株。与大型西瓜按 4 根蔓整枝、株距为 69 厘米时栽的株数几乎相同。

小型西瓜从育苗到收获的栽培管理几乎和大型西瓜一样，但是只是坐果节位在 18~22 节的要全部坐果，充分确保果实必需的叶面积（从坐果节位到尖端有 5 片叶，到植株基部有 20 片叶，共需 25 片叶），促进果实膨大。在这个节位坐果，果实膨大和果实的整齐度好，能收获到品质好的西瓜。

小型西瓜到授粉的天数也和大型西瓜几乎一样，但是小型西瓜早熟，从坐果到收获的天数，半促成栽培时为 38~40 天，夏季收获的栽培 23~25 天就可收获。

还有，利用大棚，小型西瓜可用 1 根蔓的整枝进行立体栽培。这时 1 根蔓留 1 个果实，90 厘米的垄面栽 2 行，株距为 40~50 厘米，可进行 1000 米 ^{2} 收获 2200~2750 个果实的密植栽培。

1 株收获 4 个果实，需要生产者具备平衡坐果的技术，但是，如果留 4 根蔓收获 3 个果实就比较容易。利用小型西瓜极早熟的特点，在单价最高的早期栽培中，1 箱能卖到 2500 日元，也是非常合算的。在熊本县有利用园艺设施 1 年收获 3 茬的生产者。

◎ 小型无籽西瓜的栽培要点

在不久的将来，优良的小型无籽西瓜品种会不断出现。

这种无籽品种的种子痕迹，是果肉中有很小的白色秕子（未发育的种皮）。根据著者的观察，果实在距植株基部第 3~5 节坐果时，秕子就很明显，若在第 20 节前后的第 3~4 朵雌花上坐果，种子就会小粒化，秕子就不明显了。

有的专家认为在离植株基部远的节位上多坐果来维持植株长势，种子会有小粒化的倾向。这种现象确实存在，所以无籽小型西瓜的栽培坐果位置尽量在第 20 节前后，在稳定的植株长势中授完粉，以几乎放任的状态 1 株留 6~8 个果实进行管理。接下来到后半期维持植株长势，采用从收获前 10 天开始逐渐衰退的施肥设计即可。

虽然操作有点心急，但也因为如此，西瓜的秕子极小且不明显，能培育出外观漂亮、味道鲜美的无籽小型西瓜。

用小型西瓜植株做的绿色屏障

绿色屏障能遮挡炎热时的强光，使室内变凉爽。在窗边让蔓性植物向上爬。除遮挡阳光外，还因蒸发效果使温度降低，看上去就很凉爽，现在已是节能的象征。虽然以容易培育的苦瓜和牵牛花为主的绿色屏障很常见，但是用能吃的美味西瓜作为绿色屏障，就更加令人期待（图7-1）。

图7-1 小型西瓜的绿色屏障

在5月左右播种最合适。把小型西瓜的种子直接播种到9厘米的聚乙烯塑料钵内。因为是在温度足够高的时期，所以不需要嫁接。从发芽后30天左右，育苗到展开5片真叶时，在窗户旁边以30厘米的间隔栽培到地里。也可以用箱式花盆，但是待蔓伸展开之后，就需要频繁地浇水。因为主要是使茎叶覆盖墙，所以要多施一点肥，每株施复合肥1把。

即使是蔓伸展开了，也不必立即让它向上爬。包括母蔓和子蔓，最初都在地上盘成一团，当蔓的直径长到1厘米时，再引缚到网上，使它们向上爬。长到这么粗的蔓生长迅速，1天能伸展10厘米以上。蔓的伸展如果慢了就再施肥、浇水。

当蔓的尖端爬到2米高左右时，对之后开花的雌花进行授粉，使它坐果，1株留1~2个果实。在这以前的雌花最好是及早地除去。只要不来台风，就不需要用防止落果用的网。

在注意白粉病的同时，在开花后30~35天进行收获，就能享受到绿色屏障的美味副产品。虽说是小型西瓜，但观察果实一天天膨大的样子，作为暑假时的家庭栽培和食物教育，都是非常合适的。

（町田刚史）

2 无籽西瓜的特征和栽培方法

◎ 与其说是无籽，倒不如说是方便食用

说起无籽西瓜，大多数的人都有吃无籽香蕉和葡萄的印象，但是实际上无籽西瓜只是种皮的部分不发达，残留着又白又薄的痕迹（秕子）。因此，经常被说不是无籽，这不是有籽吗？实际上，比起无籽这一表述，也许是用不吐种子就能吃的"方便食用的西瓜"表达更确切。

那么，怎样做才能确保形成这样（胚消失，仅留一点种皮痕迹）的种子呢？

◎ 仅保留一点形成种皮的能力

无籽西瓜的母本是把普通西瓜（有 22 条染色体数）的生长点用秋水仙素处理，诱发突变，从变异的个体中选出染色体数加倍的 2 倍体植株。对这个植株进行世代更新，进一步观察、筛选，直到染色体数不会变为奇数，培育成有 44 条染色体的稳定母本。要达到稳定，通常需要培育 7~8 代甚至更多。母本培育完成后，用它作为亲本，再用优秀的普通西瓜雄花授粉，就会得到具有 33 条染色体的 F1 代种子，即所谓的 3 倍体西瓜。这就是无籽西瓜的种子。

3 倍体西瓜的生殖细胞在减数分裂时，只有按 22：11 分裂时才有可能形成种子，但是因为这个概率非常低（1/1020），所以实际上是不太可能的。但它只是形不成完整的种子，还有非常微小的形成种皮的能力。所以，根据栽培的条件，有仅存痕迹的秕子到稍大的种皮。

另外，在葡萄的无核处理中，通过赤霉素的作用，从胚到种皮都被不留痕迹的消除了，所以是真正的无籽。著者在学生时代就曾经做过用赤霉素处理西瓜，试图使西瓜没有种子的试验，但是并没有得到像葡萄这样的效果。

◎ 施氮肥量减少 4~5 成，用 2 倍体西瓜的花粉授粉

无籽西瓜的种子的种皮变厚，胚的发育也有变差的趋势。为此，在播种前需要把种

子发芽口处的皮稍微弄裂开，或者剪去（图7-2），使它容易吸水。

另外，染色体加倍后初期的生长发育变得缓慢，有晚熟的趋势。因此，需要尽量用夏季的种植模式进行栽培（早熟栽培至夏收栽培）。只是，虽然初期生长发育缓慢，但是一旦长势起来后就会比普通西瓜的长势还强。为此，施氮肥量从一开始就要减少4~5成。

如果用无籽西瓜的雄花授粉就不能结果，所以必须用2倍体普通西瓜的花粉授粉。在无籽西瓜的垄间用1:3或1:4的比例设置培育花粉用的垄，一般用蜜蜂授粉，但是天气不好、蜜蜂活动力差的时候，就需要进行人工授粉。

对于从坐果到收获的平均气温和累积温度，2倍体普通西瓜为1000℃左右，无籽西瓜则还需要再增加100~120℃。在收获适期的判断上，将授粉那一天做上标记，可计算授粉的天数。之后，当植株基部的卷须变成浅绿色，果梗上的毛脱落，开始变得光滑

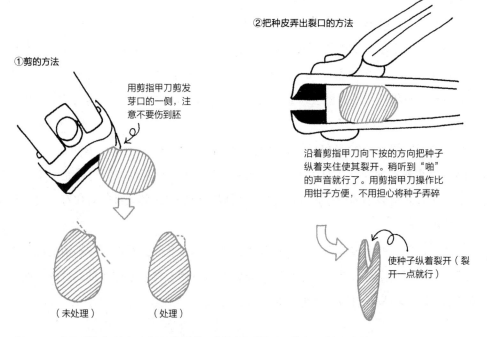

图7-2　无籽西瓜的种子在播种前需要把发芽口处的皮用剪指甲刀剪去，或者弄出裂口
①的做法快、方便，但是切口过浅时，吸水力就降低

时，试摘几个切开品尝来判断成熟期。也可以设置累积温度计计算积温来辅助判断。

其他的栽培管理可参照一般的西瓜栽培方法。

◎ 无籽西瓜的名优品种

无籽西瓜又甜又好吃，不用担心种子问题，而且汁液丰富，越是在热带地区越受好评。另外，和日本的气候不同，在热带地区不怎么用心栽培也能收获到好的果实。

图 7-3 爽口且具有隐性酸味的无籽品种

要想在日本栽培出高级的西瓜，应该选用适应日本低温的育种材料，育成具有隐性酸味、无籽的品种（图 7-3）。例如，"3X 黑月亮"（大果圆形、黑皮、黄肉）、"3X 桑巴"（大果圆形、黑皮、红肉）、"3X 珊瑚"（大果圆形、粗纹、红肉）等。

（中山 淳）

第8章

西瓜病虫害的
防治

1 各个生长发育阶段的不同防治目标

◎ 用 10~15 次药就能达到防治目标

在日本农林水产省制定的特别栽培农产品指南中，对于化学合成农药等节减对象农药，要求按各地区规定的常规水平减半。各地区的习惯防治次数是怎样的呢？从日本有代表性的西瓜产地来看，熊本县的促成、半促成栽培为 26 次，千叶县小拱棚栽培为 28 次，山形县露地小拱棚伸蔓栽培为 18 次，鸟取县小拱棚栽培为 32 次（2011 年 9 月的情况）。总之，各地区达到特别栽培农产品认证标准的生产者，用 10~15 次就能控制住病虫害。

要想用少的农药防治次数达到好的防治效果，就需要认识病虫害，并掌握其发生发展规律，进行适时防治，更需要耕种方面的农业防治措施。不局限于特别栽培，这些可以说就是为了达到有效防治目标的方法。

◎ 育苗期——集约化的完全防治

需要把苗床及周边清理干净。要除去叶螨等易寄生的茶树、杂草等，盆钵栽植树或花苗等要挪到其他的场所。另外，播种的苗床和培育苗的用土，要买质量好的，其中不能含有病原菌或杂草种子等。在能集约化防治的苗床上有病虫害发生的情况下，可选择甲氰菊酯乳剂、百菌清可湿性粉剂等广谱性的农药，能有效地防治病虫害。

◎ 从定植到整枝作业期——通过观察掌握病虫害的发生情况

开始进行换气、整枝作业后，有翅的蚜虫或者叶螨、蓟马、病原菌等就可飞入或随着作业人员进入大棚内进行寄生。要想通过定期喷洒农药防治这些病虫害，防治次数少了就很难控制。因此，在整枝作业时就要认真观察叶片背面等，如果能确认各种病虫害的发生情况，就能选用适合目前发生病虫害的药剂进行早期防治。如果在初期发生时就能发现，立即喷洒效果好的农药，并且是对叶片的正、背面细致地喷洒，就能够减少农药的使用次数。

另外，病害即使是在低密度的情况下，由于天气条件等也能造成致命的危害。最好用杀菌剂进行预防性喷药。石硫合剂或铜制剂作为适合日本有机农产品标准"附表 2"中的农药，在用其他的方法会产生重大损失时的紧急场合可使用。因为如果发生白粉病，就会对西瓜的生长发育产生很大的影响，所以在发生初期就可利用在登记范围内的石硫合剂。

◎ 从准备坐果到幼果膨大期——在放蜂前要彻底防治

从准备坐果到幼果膨大期，因为农药会影响蜜蜂的访花活动或影响果实的外观，所以不能喷洒农药。在西瓜栽培中，这个时期是病虫害发生最危险的时期。在这个时期，尽管病虫害发生的密度低，但是只要发生了，到疏果结束时蚜虫和叶螨就会变得很严重。虽然是十分注意的细心观察着病虫害的初期发生情况，但还是有疏忽的时候。如果是其他时期，在发现比较明显的危害时，再喷药也能防治，但是在这个时期不能用药。因此，在放蜂之前需要用啶虫脒可湿性粉剂、乙螨唑可湿性粉剂、双胍三辛烷基苯磺酸盐可湿性粉剂等彻底防治蚜虫、叶螨、白粉病等病虫害。

◎ 从果实膨大期到收获期——要考虑对果实有无影响

在往往只关注果实的这个时期，在疏果、转果作业时也要仔细地查看叶片背面，根据所发生的病虫害来决定使用的农药种类。在每次喷药时，如果把 2~3 种药剂混配，就可大大减少喷药次数。

另外，因为接近收获，对处于发生初期的病虫害，在预测其繁殖、蔓延及对果实影响等的同时，来判断是否使用农药。和叶菜类蔬菜不同，西瓜只收获果实。在将近收获的时期，喷药使叶片保持漂亮的做法就不再需要了。另外，每种农药在收获前有规定的安全间隔期。把这些也考虑在内进行施药。例如，腐霉利可湿性粉剂或乙霉威可湿性粉剂，登记的是在收获前 21 天时就停用。

◎ 主要的地上部病害和防治方法

（1）**白粉病** 因为在叶片表面能看到像小麦粉一样的白色粉状物，所以一看到就能认出来（图8-1）。白粉病发病后可抑制叶片的光合作用使西瓜的糖度减少，若在整个地块蔓延开，有可能导致西瓜被全部毁灭。

白粉病的大多数病原菌具有外部寄生性，菌丝露出植物体的表面。像小麦粉一样的状态

图 8-1　白粉病

并扩散蔓延是其特征，利用针状的吸器刺破表皮细胞而吸收养分。

观察白色粉状的分生孢子，它们遇到风或振动就向周围飞散，成为传染源。因为分生孢子的发芽适温为 20℃左右，西瓜从苗期开始到收获期都可发生白粉病，尤其是在坐果后植株衰弱时容易发生，所以需要特别注意。

在授粉开始前，用双胍三辛烷基苯磺酸盐、环氟菌胺·氟菌唑水分散粒剂进行彻底防治，果实膨大到 15 厘米以后，用硫黄可湿性粉剂或灭螨猛可湿性粉剂再次进行防治。

（2）**蔓枯病、菌核病** 西瓜或甜瓜的蔓枯病，一般被称为"癌症"，一旦蔓延开了就会造成大的减产或绝产。一旦发生本病，地块中的子囊壳或子囊孢子就残留在土壤中，子囊孢子随雨水或浇水传播，成为侵染源。为此，降雨或浇水后，小拱棚栽培中从棚中伸出的茎叶上可看到发生得多，特别是最早在经整枝作业操作的茎叶或叶片边缘的出水口处发生得多（图8-2）。

蔓枯病的发育适温是 20~24℃，在西瓜栽培的哪个阶段都能发生。对于蔓枯病，在降雨或浇水前后用嘧菌酯可湿性粉剂、异菌脲可湿性粉剂、双胍三辛烷基苯磺酸盐可湿性粉剂、百菌清等进行预防。

蔓枯病在以小拱棚栽培、露地栽培为主的地块中发生得多，而菌核病是在大棚栽培中发生得多。菌核病的病原菌，形成像老鼠屎一样的黑色菌核，落到地表可生存 2 年左右。如果是在 20℃的适温，就可从菌核上生出称为子囊盘的几毫米高的蘑菇状物，不久就喷出子囊孢子成为侵染源。若在 10~15℃的低温时感染子囊孢子就会在早期时发病，所以低温天持续时菌核病的发生就多。

菌核病的防治药剂和蔓枯病基本一样，但不能只依赖农药，对于低温大棚要全面地

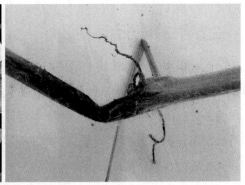

图 8-2 蔓枯病
左图为小拱棚中伸出来的叶片上发生的情况，右图为整枝时损伤的蔓上也多发

铺地膜，还要把会成为第 2 年传染源的残枝落叶清理出棚，采用农业防治措施。

（3）**细菌性果斑病** 本病在日本发生还很少，虽然案例少，但是 20 世纪 90 年代在美国却造成了很大的危害。

通过日本发生的案例，总结出它是通过种子进行传染的。因为高温多湿的条件会助长其发生，所以在嫁接后缓苗过程中的子叶处发生得较多。幼苗时的症状为从子叶到胚轴软化腐烂。

本病通过浇水传染到相邻的苗。在果实上的症状是果皮水浸状腐烂，产生龟裂是其特征（图 8-3）。近年来，种苗公司在留种田采取种子消毒等方法进行改善，没有听到危害的情况。但是，所有的西瓜生产者或育苗者在发现本病的初期症状时，就要想尽一切办法控制住，对本病害应该引起高度重视。

现在还有一些日本虽然是没有发现，但随时都有可能从国外传进来的病害。20 世纪

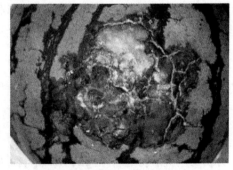

图 8-3 细菌性果斑病（菊地繁美 供图）
果实的病斑部产生龟裂

60 年代出现的引起花叶症状的黄瓜绿斑驳花叶病毒（CGMMV-W）就是其中的一种。在溴甲烷不能使用的现在，对于不仅是种子传染，而且土壤也能传染的病毒病，一旦发生了再防止其扩散就很困难了。去国外旅行吃到好吃的西瓜或认为很稀奇，而不经意把种子带回来，就有可能酿成大祸，这一点必须铭记在心。

◎ 主要害虫和防治适期

（1）**叶螨类** 西瓜栽培中最典型的代表性害虫是叶螨类。即使它是成虫的体长也只有 0.5 毫米左右的小虫子。叶螨类多数寄生在叶片背面，但是因危害在叶片正面出现飞白状的斑点，所以很容易辨认。由于被吸取了汁液，西瓜的生长变弱，极大地影响果实品质和产量。因为叶螨类完成一代的时间为 2~3 周，时间很短，繁殖很快，所以等到发现时就有蜘蛛巢状的网，已产生危害，严重的能导致植株枯死。另外，叶螨类易产生抗性也是众所周知的。

防治适期是到药剂能充分喷到叶片背面的授粉开始前。在坐果期前如果控制在低密度，以后只用处理一下零星的发生即可。同时，把易成为叶螨类或蚜虫增殖场所的酢浆草、宝盖草等杂草或茶树等除去或挪开也是很重要的。

近年来，防治西瓜上叶螨类常用联苯肼酯可湿性粉剂、乙螨唑可湿性粉剂、丁氟螨酯可湿性粉剂等几种效果好的药剂。用这些药再进行适期防治，就不会造成危害。防治叶螨类的登记药剂几乎所有的标准都是一茬作物只使用 1 次，巧妙地交替轮换使用就能抑制叶螨类产生抗性。

（2）**烟青虫** 由烟青虫引起的危害，特别是咬食果皮成为大问题。尽管影响不到果肉，但果皮被咬后难以出售这样的损失近年来增加了不少（图 8-4）。

与烟青虫一样危害较多的鳞翅目害虫还有甘蓝夜蛾，产卵时在 1 处产 1 个卵块，含 100 个卵以上，所以在叶片上最初发现危害时及时喷药，就能将危害降到最低。而烟青虫 1 头雌成虫可产 500 个左右的卵，并且是一个一个

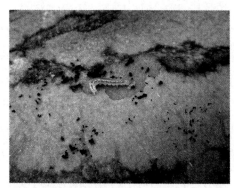

图 8-4 危害西瓜果皮的烟青虫幼虫

地散产。为此，危害会在多个地方发生，当发现时果皮已被咬伤了。在坐果以后用持效期长的杀虫剂，需要控制危害连续发生。烟青虫取食危害最明显的是 8 月以后收获的茬口。在发生高峰的 9~10 月结果的小拱棚抑制栽培，更需要注意。

2　如何防治持续增加的急性凋萎症

◎ 搞清急性凋萎症的原因

急性凋萎症是指从果实膨大期至成熟期发生的叶片斑驳、萎蔫，多在收获前出现枯死的障碍（图 8-5）。

急性凋萎症是由拟茎点霉根腐病、黑点根腐病、枯萎病、根结线虫等几方面原因引起的，原因不同，应对方法也不同。所以应该首先搞清它们发生的原因。

（1）根褐变的区别　对于萎蔫的植株，从地上部无论怎么看，也看不出引起

图 8-5　急性凋萎症的初期症状
晴天中午时果实周边的中位叶萎蔫

萎蔫的原因。要查清其原因就需要把根挖出来进行检查。

检查萎蔫植株的根时，看一下粗的根是否有褐变的部分，是否有膨大成瘤状的部分，能否看到维管束的褐变。

如果有褐变部分，就有可能是拟茎点霉根腐病（图 8-6a）。它的病原菌形成微小的假菌核（菌丝块），可观察到像黑白相间的方格花纹一样排成的黑点（图 8-6b）。如果使用放大镜就能看清这些假菌核。

引发原因是黑点根腐病的情况下，把挖出的根装在塑料袋中，或者将根原样留在土壤中，把地上部割掉，约 10 天后挖出根，能观察到肉眼可见的直径为 0.3~0.5 毫米的黑点，是形成的子囊孢子（图 8-6c）。

包括枯萎病和根结线虫，由 2 种及以上的复合因素造成的萎蔫也有，所以需要认真观察。

（2）即使没有萎蔫也要仔细检查一下根　收获结束后，等待收拾残株。这时应该检查一下根的情况。把茎叶从地表面处割除后盖上地膜，根在地里就不用耕了吧。"我的地里没有萎蔫的"，说这话的人，也不妨将比其他植株长势弱的植株，挖出几株观察一

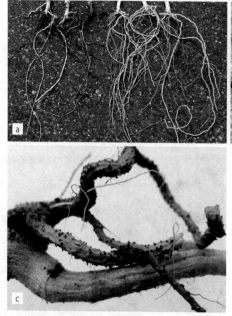

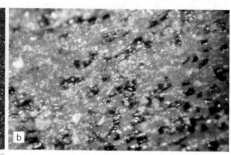

图 8-6　拟茎点霉根腐病

a: 拟茎点霉根腐病植株的根（图中左边的 3 株）

b: 拟茎点霉根腐病的假菌核

c: 黑点根腐病的子囊孢子

下它们的根部。对于土壤病害，只能在低密度时采取措施。这时，由于根褐变、腐烂的部分变脆，如果只抓着植株往上拔，根就会脱落，看不出什么问题，所以要用镢或锨从周边把根挖出来进行观察。

◎ 急性凋萎症的应对方法

（1）**大多是发生拟茎点霉根腐病**　近年来，急性凋萎症大半是由拟茎点霉根腐病的病原菌引起的（图 8-7）。从坐果后 20~30 天开始，植株中位叶片在中午萎蔫，不久就扩展至全株，甚至枯死。因为在将近收获这一阶段受害，生产者在经济方面的损失就不用说了，在精神方面也会受到很大的打击。

（2）**拟茎点霉根腐病的病原菌**　拟茎点霉根腐病在日本各西瓜产地尽管都已成为大的问题，但它的存在明显化的时间还很短。由拟茎点霉根腐病病原菌引起的病害在其他作物上还不多，说起来还没有被认为是引起重大病害的病原菌。实际上，它抵

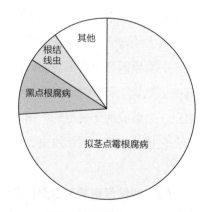

图 8-7　西瓜急性凋萎症的原因

Ⅰ农业事务所调查

御高温、农药的能力也并不是那么强，之所以会成为大的问题，是因为重度的连作和过重的坐果负担助长了其严重程度。

拟茎点霉根腐病病原菌的生长发育适温是 24~28℃，但是发病的温度是 20℃左右，在低温时易发生。在 40℃以上时，24 小时以内它就能死亡，35℃时 6 天左右就能死亡。但是，随着根的伸长，在地表下 40 厘米处还能见到根，也会有本菌存在，只通过太阳热消毒难以杀灭深层的病原菌。寄生在葫芦科作物根上的拟茎点霉根腐病病原菌，形成被称为假菌核的菌丝块，随根残留在土壤中，成为长期的侵染源。

（3）哪种土壤消毒的效果好　氯化苦熏蒸剂对本病的防治效果很好，在上一年春作的西瓜结束后进行全面的熏蒸处理，对第 2 年春作也还有很好的效果。只处理垄内同时用地膜覆盖的处理效果也好，但这种情况下，不能通过耕翻排出气体，从处理到定植需要留有 2 个月左右的时间。取出垄内的土，用鼻子闻不到臭味时才能进行定植。

对于本病，用土壤还原消毒或太阳热消毒（表 8-1）也有很好的效果（参照第 52 页）。另外，因为病原菌对高温抗性比较弱，所以建议在西瓜栽培结束后把小拱棚内的粗根尽量地清除干净，然后充分浇水，这样效果更好。只是，消毒后已经发生急性凋萎症的地块的病原菌也不能立即消失，但能使病原菌的密度降低。若在 1000 米 ^{2} 的地块中有几株萎蔫，或者虽然没有萎蔫，但是已观察到根有褐变现象，担心会对周围的地块产生影响的情况下，一定要进行密闭处理（图 8-8）。

图 8-8　密闭处理

栽培结束后密闭小拱棚，虽然是简易方法，但是对拟茎点霉根腐病的防治有一定的效果

表 8-1　露地进行太阳热消毒及土壤还原消毒对拟茎点霉根腐病的防治效果（牛尾等）

处理方法	覆盖期间的地温（20 厘米处）		凋萎株比例（%）	地块数 / 个	调查株数 / 株
	最高地温 /℃	35℃以上的时间 / 小时			
太阳热消毒	40.1	140	50	3	6
土壤还原消毒	38.8	135	0	3	6
未处理			0	3	6

注：1. 太阳热消毒：2005 年 8 月 9 日~10 月 14 日；土壤还原消毒：2005 年 8 月 9 日~8 月 30 日，麸皮 1 吨 /1000 米 ^{2}。
　　2. 定植：2006 年 3 月 14 日，收获：6 月 20 日，留 3 根蔓坐 1 个果。

（4）**通过嫁接来减轻病害** 因为拟茎点霉根腐病是葫芦科作物的共同病害，通过砧木减轻病害的效果也不是绝对的（图8-9）。通过比较，南瓜砧木抗病性最强，冬瓜砧木也比葫芦砧木稍强一些。西瓜的自根苗和越瓜、苦瓜一样，属于抗性很弱的类型（表8-2）。不同品种的南瓜砧木抗病性也有强弱之分（表8-3），现在用的几个南瓜砧木品种比葫芦强。但是，南

图8-9 在葫芦科蔬菜上共患的拟茎点霉根腐病
小拱棚中前边栽培西瓜、甜瓜、南瓜，都在坐果后萎蔫

瓜砧木用于嫁接的黄瓜就不用说了，就连南瓜自己也会发生拟茎点霉根腐病。虽然说是抗病性强但也是相对的，并不能彻底地抵抗感染。

表8-2 葫芦科不同种的砧木幼苗的拟茎点霉根腐病的发生情况

砧木	供试品种数	发病株比例（％）	凋萎株比例（％）	严重程度
南瓜	11	61	6	17
冬瓜	6	90	15	26
苦瓜	5	98	35	33
葫芦	21	97	83	53
丝瓜	4	100	79	60
越瓜	1	100	100	72
西瓜	1	100	100	81

注：严重程度中，全株凋萎计100，全株的根褐变计25。下同。

表8-3 不同南瓜品种的幼苗的拟茎点霉根腐病的发生情况

品种名	发病株比例（％）	凋萎株比例（％）	严重程度
隼	0	0	0
SD-8	13	0	3
AL-7	38	0	9
Pepo07-40	38	0	9
久留来蓝牟礼	50	0	13
白菊座	75	0	19
黑种07-7	83	0	21
黑种07-6	100	0	25

（续）

品种名	发病株比例（%）	凋萎株比例（%）	严重程度
NO.8	100	0	25
海南	75	38	28
南瓜 3-13	100	33	33

　　另外，在南瓜砧木的品种选定、导入时，必须要考虑它对果实品质的影响。比起用葫芦砧木嫁接的西瓜，用南瓜砧木嫁接的西瓜，钙和镁的含量高，α- 葡聚糖这样的糖类变多，吃起来有独特的味道，易感到有筋渣。而如果从市场上或消费者那里得到某个产地的西瓜硬、筋渣多的评价，即使是拟茎点霉根腐病减轻了也没多大意义（图 8-10、表 8-4）。

图 8-10　用南瓜作为砧木的果实
甜味方面有独特的口感，但吃起来易感到有筋渣

表 8-4　不同砧木的西瓜果实中无机养分和糖类的含量（新堀、甲田）

砧木（品种）	无机养分（干重 %）					糖类 /（毫克 /100 克鲜重）		
	氮	磷	钾	钙	镁	果胶	水溶性物	α- 葡聚糖
葫芦（相生）	0.75	0.04	0.45	0.01	0.02	31.9	4.9	65
南瓜（白菊座）	0.78	0.05	0.49	0.02	0.03	31.5	3.8	94
南瓜（金丝瓜）	0.90	0.09	0.67	0.03	0.06	32.5	3.8	123
刺果瓜（一）	0.85	0.08	0.59	0.03	0.05	31.7	5.3	105
冬瓜（狮子）	0.88	0.04	0.57	0.01	0.03	32.3	4.2	135
西瓜砧木（强硬西瓜）	0.72	0.05	0.49	0.02	0.03	32.6	5.3	73

　　（5）坐果负担的减轻　假如没有坐果负担，拟茎点霉根腐病就不会导致植株凋萎。另外，比起留 4 根蔓坐 2 个果，还是留 3 根蔓坐 1 个果的植株不易凋萎，留 4 根蔓坐 1 个果的植株更不易凋萎。同样地，比起第 2 朵花坐果，在第 3、第 4 朵花坐果的更不易凋萎（表 8-5）。由坐果负担而引起的养分、水分的供给失衡和根的活性降低，与本病的发生有很大关系。就像在本书开始时讲的那样，坐果后供给根的养分极少，便可能导致植株凋萎。要想减少凋萎症的发生，切实培育能承担起坐果负担的健壮的茎叶和发达的根是很重要的。

另外，如果果实周边的中位叶出现萎蔫的初期症状时，就早一点再次进行疏果以减轻坐果负担。把4根蔓坐2个果的疏掉1个果，收获量虽然减少了一半，但避免了植株枯死，确保有收成。

表8-5　因坐果负担引起的拟茎点霉根腐病的发生情况（伊藤等）

整枝方法		凋萎株比例（%）	根部褐变程度（数值越大褐变越严重）
子蔓数/根	坐果数/个		
4	0	0	39
4	1	67	64
3	1	67	71
4	2	75	81

◎ 黑点根腐病的应对方法

黑点根腐病从有初期症状到枯死的过程和拟茎点霉根腐病一样，从地上部的症状不能区别这两种病。实际上，一旦蔓延开，黑点根腐病比拟茎点霉根腐病更麻烦。

（1）**黑点根腐病的病原菌**　黑点根腐病是作为用葫芦砧木嫁接的西瓜、用南瓜砧木嫁接的黄瓜，以及甜瓜、葫芦科作物的共同病害而被大家熟知的，和拟茎点霉根腐病一样，通过抗性砧木的嫁接来抵御本病害是很困难的。

黑点根腐病的病原菌，生长发育的适温为30℃，生长发育的界限温度为37℃，是比较耐高温的病原菌，包括抑制栽培在内的7月以后收获的类型或大棚栽培中发生的很多。黑点根腐病病原菌形成的子囊孢子，对温度和农药的耐性高，即使是用太阳热消毒或土壤还原消毒也不会被杀灭，生存的可能性较高。另外，即使地块中不栽培葫芦科作物，在土壤中也能作为侵染源存活数年。

（2）**采用土壤消毒和合适种植模式的提前应对措施**　黑点根腐病高密度蔓延的地块，虽说是不能期待将病原菌全部杀死，但是需要在栽培西瓜前通过土壤消毒把病原菌的密度降下来。在此基础上，尽量在低温期进行栽培，避开黑点根腐病病原菌发育旺盛的高温期，就可降低黑点根腐病发病的程度。

另外，如果黑点根腐病和根结线虫或拟茎点霉根腐病重复侵染，就会产生更大的危害。认真防治根结线虫和拟茎点霉根腐病，也可以起到减轻黑点根腐病的作用。

（町田刚史）

即使不用土壤消毒剂也可连作 100 年——韩国的西瓜栽培

位于韩国东南部的庆尚南道咸安郡，作为韩国第一大西瓜产地在国内外非常有名（图 8-11）。

咸安郡栽培西瓜历史悠久，作为韩国的西瓜栽培发源地，从引入栽培至今已超过 100 年。近年来，创造出了少有的用不加温的大棚 1 年种 3 茬西瓜的高强度的西瓜连作模式。仅以有效的多层覆盖、前茬栽培期间中的育苗移栽和抑制栽培就构建了一年三作的西瓜种植模式，这是非常惊人的。更值得特别一提的是不需用农药进行土壤消毒就可以实现高强度的西瓜连作。

这里面很重要的一点，就是该西瓜产地 1 年种植 2~3 茬西瓜，还辅以水稻种植，最多 1 年能种植 4 茬。把地块进行水田化改造，可有效抑制枯萎病、根结线虫等这些土壤病虫害，还可以把过剩的肥料淋溶掉。

图 8-11　韩国的西瓜大棚

水稻的栽培，是为了维持西瓜栽培而进行的，所以即使是不到水稻收获的时期而到了需要西瓜整地的时期，也要把水稻割掉，将它翻入土中进行还原消毒。

这样，为了利用水田保全杀死病虫等的功能而种这茬水稻，每年必须以重新插钢管撑大棚和收拾整理等这些体力活作为基础工作（图 8-12）。在日本也有把水稻作为非主要作物来维持洋葱和生菜产地的淡路岛这样的案例，但是似乎感觉没有每年重建大棚这样的活力。

穷则思变，在没有得天独厚的条件时，集中智慧开发的这些技术是很值得我们学习的。

图 8-12　把大棚的钢管等放在旁边的空闲地后种上水稻

（町田刚史）

附录 日本育种厂家培育的西瓜品种一览表（部分）

公司名	品种名	果实大小		果皮类型			果形	
		大果	小果	有纹	黑皮	黄皮	圆形	椭圆
大和农园	味灿烂	○		○			○	
	味灿烂 type2	○		○			○	
	春灿烂	○		○			○	
	夏灿烂	○		○			○	
	夏极优	○		○			○	
	缟王大果 K	○		○			○	
	缟王大果 Ke	○		○			○	
	缟王 M	○		○			○	
	闪烁		○	○			○	
	康加鼓		○（3~4千克）		○			○
	俵小町		○	○				○
	金小町		○			○		○
丸种	甘泉	○		○			○	
	佳能球	○			○		○	
	夏枕	○		○（极大）				○
	昧男		○		○		○	
	家姬甘泉		○	○			○	
	姬甘泉 5 号		○	○			○	
	姬枕		○			○		○
萩原农场	节日伴奏 11	○		○			○	
	节日伴奏 777	○		○			○	
	精佳·SF·L	○		○			○	
	春团圆	○		○			○	
	夏团圆	○		○			○	
	独占 7 号		○	○			○	
	独占 HM		○	○			○	
	夏吻		○	○			○	
	黄太郎		○	○（条斑）			○	
nanto 种苗	红大			○			○	
	红孔雀（NW-126）	○		○			○	
	小金	○		○			○	
	3X 黑月亮	○			○		○	
	甘露王	○		○			○	
	夏橙大	○		○			○	
	夏橙中	○		○			○	

果肉颜色		早熟晚熟性			备注
红色	黄色	早熟	中熟	晚熟	
○			○		好吃，植株长势中等
○			○		好吃，植株长势中等偏弱
○		○			适合西南暖地
○			○		中早熟品种
○			○？		不挑种植类型
○			○		稳定、产量高
○			○		植株长势好、不易早衰
○			○		植株长势好、不易早衰
○		○			
○（鲜红色）		○			
○		○			
○		○			
○			○		
○				○	
○				○	
○			○		
○		○			容易栽培
○		○			爽口
○		○			
○			○		
○			○		植株长势好，爽口
○		○			低温期发色也很好
○		○			发色好，爽口
○			○		耐高温
○		○			低温坐果性好
○		○			
○		○			
	○	○			
○			○		植株长势中等偏强，爽口
○			○		
	○		○		品质稳定，耐裂果
	○			○	坐果稳定、容易培育，大果无籽
○			○		
	○（橙色）		○		
	○（橙色）		○		

公司名	品种名	果实大小		果皮类型			果形	
		大果	小果	有纹	黑皮	黄皮	圆形	椭圆
nanto 种苗	黑金	○			○		○	
	3X 桑巴	○			○		○	
	阿克喜亚	○（中果）			○			○
	黑姑娘（NW-126）		○		○		○	
	贵小玉美贵姬		○	○			○	
	红玉		○	○			○	
	美人		○	○			○	
	美女夏子（NW-528）		○	○			○	
	美女日向（NW-592）		○			○	○	
	爱姬		○	○			○	
mikado 协和	马达球		○	○				○
	金黄马达球		○	○				○
	MKS-W84		○	○				○
	MK-W66		○	○				○
神田育种农场	缟无双	○			○		○	
	美女		○	○			○	
tokita 种苗	金蛋		○			○		○
	银蛋		○		○（深绿）			○
坂田种苗	塔希提	○			○		○	
中山育成	N-5941	○			○		○	
	N-5942	○			○（无花纹）			○
	N-BPG		○		○			○

（续）

果肉颜色		早熟晚熟性			备注
红色	黄色	早熟	中熟	晚熟	
○			○		
○				○	
○			○		
○			○		与黑美人相关的品种
	○	○			
○		○			作为越冬栽培品种推广，植株长势强
○		○			极早熟
○			○		即使是在高温期也很爽口
	○	○			
○		○			
○		○			作为橄榄球形小果品种在日本推广
	○	○			和马达球相近的黄肉椭圆形小果品种
○		○			耐镰刀菌的新品种
○		○			耐裂果
○			○		
○		○			
○		○			黄皮小果（适合家庭菜园）
○		○			深绿皮小果（适合家庭菜园）
○			○		北海道当麻的有机农产品特产，作为"田助西瓜"非常有名
○		○			甜宝类型的极优品（口感和外观很好）
○				○	收获后贮藏期长
○			○		日本关东地区 11 月收获、12 月销售的抑制栽培品种

后 记

现在在日本，从南边的冲绳到北边的北海道的广大范围内都栽培着西瓜。与此相适应的栽培时期和种植类型多种多样，也培育出了各种各样的品种。

另外，销售方法也从以前由农协西瓜协会统一供货，然后集中到批发市场上进行销售，发展到现在的买卖双方直接协商定价，或直接送到直销店进行销售，与消费者之间的距离更近了。

在这样的发展过程中，加上本书讲述的切开销售、装盒销售的趋势的推动，消费者对西瓜品质的要求不断提高。与此相适应的是技术难度也增加了。另外，以往指导产地生产的行政推广人员和农协的指导人员在不断减少。为此，很多农协西瓜协会的骨干从选择决定栽培品种到与买方进行交易都是靠自己来开展。

我为了寻求育种资源，到世界各地考察得出的经验是：对于西瓜栽培（当然育种也是如此）来说，最重要的事情就是要真正掌握西瓜的基本生理生态特点。培育一个产地也好，培育一个品种也好，唯有把握住了其生理生态特点，才是掌握了最关键的东西。可是，我最近想培育新的品种，本想找本参考书参考一下，找了很多也没有合适的，即使有也大多数只停留在片断性的记述上。因此，本书通过重新认识西瓜栽培的日常作业、管理等，对西瓜的基本生理生态特点再次进行确认，并进行了归纳总结。作为现代西瓜栽培的参考文献，若本书能对生产者和技术人员起到作用，我将深感荣幸。

我想让大家吃到爽甜的西瓜，比如在收获西瓜时邀请城里的朋友在地里开一个西瓜宴。另外，听说在西瓜栽培水平高的人那里，听到其口碑的消费者会自动找上门来直接购买，与在直销店等销售相比，与消费者的距离更近，对于栽培者来说就有了新的商机。利用这种近距离的接触继续宣传西瓜，把西瓜作为优于饮料的健康水果进行大力推广。

我受到已故的青木宏史博士（原千叶县农业试验场）、川城英夫博士（千叶县农业综合研究中心）的多次鼓励而执笔本书，之后又得到了很多热心人士的支持，在本书出版时农文协编辑部也费了很多功夫。在此我与町田刚史先生一起，对这些给予帮助的人，表示衷心的感谢。

中山 淳